Die Notlage der deutschen Kleinbahnen und Privateisenbahnen und Mittel zu ihrer Behebung

Von

Dr. Karl Trautvetter

Springer-Verlag Berlin Heidelberg GmbH
1921

ISBN 978-3-662-24017-5 ISBN 978-3-662-26129-3 (eBook)
DOI 10.1007/978-3-662-26129-3

Vorwort.

Der militärische Zusammenbruch Deutschlands, das jahrelang fast allein in einem heroischen Waffenkampf gegen nahezu die ganze Welt stand, wurde gefolgt von moralischer und wirtschaftlicher Erschlaffung auf vielen Gebieten.

Während die deutsche Großindustrie eine bewunderswerte Kraft und Geschicklichkeit in dem seit Beendigung des Waffenringens herrschenden Wirtschaftskrieg zeigt, muß man diese in manchen Zweigen unseres Verkehrswesens schmerzlich vermissen.

In weiten Kreisen zeigt sich noch eine arge Verkennung der Notlage der deutschen Kleinbahnen (besonders der Straßenbahnen) und der Privateisenbahnen und ihres Einflusses auf unsere gesamte Volkswirtschaft.

Das Interesse für das Kleinbahnwesen hat an maßgebenden Stellen nachgelassen. Hilfsaktionen werden nur zögernd, auf starkes Drängen hin und nur unvollkommen und die beteiligten Unternehmen durchaus nicht befriedigend eingeleitet. Und das zu einer Zeit, wo die außerordentlichen Kosten neuer Vollbahnen gerade den billigen Kleinbahnen erhöhte Bedeutung verliehen haben.

Auch bei bestehenden Klein- und Privatbahnen hat man manchmal den Eindruck, als ob die Wiederaufbauarbeit nicht organisch und nicht mit den nötigen Kenntnissen der technischen, wirtschaftlichen und verkehrspolitischen Zusammenhängen erfolge.

Ich habe es deshalb als dankenswerte Aufgabe betrachtet, die vielen verstreuten Berichte über die Notlage der Kleinbahnen und Privateisenbahnen und die Mittel zu ihrer Behebung zu sammeln, zu sichten, zu ordnen, wertloses oder falsches auszuscheiden und das Ganze zu einer kurzen wissenschaftlichen, zusammenhängenden Darstellung zu verarbeiten.

Es darf nicht erwartet werden, daß nun für jeden Betrieb ein fertiges Rezept zur Wiederherstellung seiner Wirtschaftlichkeit gegeben wird; wenn die Arbeit aber alle interessierten Kreise veranlaßt, diesem vernachlässigten Verkehrszweig neues Interesse zuzuwenden und die Veranlassung zu organischen Untersuchungen und ernstlichen Versuchen des Wiederaufbaues auf den gezeigten Wegen gibt, dann ist ihr Zweck erreicht.

Die Arbeit, die als Dissertation zur Erlangung der Würde eines Dr. rer. pol. der Universität Rostock vorgelegen hat, ist im Februar 1921 abgeschlossen worden. Viele Ereignisse haben inzwischen die Fortsetzung manchen Kapitels geliefert, aber auch nur neue Beweise für die Richtigkeit der Darlegungen und ihre volkswirtschaftliche Bedeutung.

Berlin-Südende, im Mai 1921.

Karl Trautvetter.

Inhaltsübersicht.

Erster Abschnitt.

Grundlagen.

1. Begriffe und öffentlich-rechtliche Verhältnisse.

Für die Bahnen, die das preußische Gesetz über Kleinbahnen und Privatanschlußbahnen vom 28. Juli 1892 als „Kleinbahnen" bezeichnet, gibt es weder im Deutschen Reiche, noch in den übrigen Ländern eine einheitliche Begriffsbestimmung.

Alle seit dem Bau der ersten Eisenbahn (1835) bis heute unternommenen Versuche einer Klassifizierung aller Schienenwege haben zu keiner einmütigen Auffassung geführt.

Während sich die Fachleute darüber einig sind, daß „Hauptbahnen", „Bahnen erster Ordnung" oder „Bahnen höherer Ordnung" vor allem dem großen, durchgehenden und internationalen Verkehr dienen, wird der Inhalt der Bezeichnung „Nebenbahnen" und ihre Stellung schon sehr verschieden angegeben. Sie werden z. B. als „Bahnen niederer Ordnung"[1]), „Sekundärbahnen"[2]), „Lokalbahnen"[3]) oder „Vizinalbahnen"[4]) bezeichnet. Richtiger ist sie mit den Hauptbahnen unter einer Klasse „Vollbahnen" zusammenzufassen, da sie von diesen durch ihren etwas geringeren (inländischen) Verkehrszweck und ihre Bau- und Betriebseinrichtungen (z. B. unbewachte Wegeübergänge) nur wenig abweichen. Heute versteht man in Deutschland unter „Vizinalbahnen" oder „Lokalbahnen" eine niedere (dritte) Bahngattung[5]) entsprechend der preußischen Bezeichnung „Kleinbahn".

Sehr annehmbar scheint der Vorschlag von Professor Dr. Ing. Blum[6]) zu sein. Er teilt die Schienenwege ein in:

---

1) M. M. von Weber („Der staatliche Einfluß auf die Entwicklung der Eisenbahnen niederer Ordnung", Leipzig 1878) sagt: „Für die Klassifizierung der Eisenbahnen gibt es kein entscheidendes sachliches Kriterium" (S. 143).

2) Elben, Dr., Otto, Württemberg und die Nebenbahnen (Sekundärbahnen, Stuttgart 1880).

3) In Deutsch-Österreich.

4) von Weichs, Fr., Das Lokalbahnwesen, seine Organisation und Bedeutung für die Weltwirtschaft, Leipzig 1889.

5) Sax, Dr. Emil, Die Verkehrsmittel in Volks- und Staatswirtschaft. II. Bd. Die Eisenbahnen. Wien 1879.

6) Blum, Dr. Ing., Die Kleinbahnen im neuen Deutschland, Verkehrstechnische Woche vom 21. November 1919. „Die Kleinbahnen würden sich hiernach klar unterscheiden, einerseits von den Vollbahnen, die als Hauptbahnen dem durchgehenden Verkehr, als Nebenbahnen dem Verkehr großer Landesteile dienen, im Betriebe des Reiches stehen und stets regelspurig sind,

1. Vollbahnen und zwar Haupt- und Nebenbahnen,
2. Kleinbahnen,
3. städtische Bahnen,
4. Förderbahnen.

Nach dem preußischen Recht (dem Gesetz über die Eisenbahnunternehmungen vom 3. November 1838 und dem obengenannten Kleinbahngesetz) ergibt sich folgende Einteilung[1]):

1. Eisenbahnen im engeren Rechtssinne, d. h. dem öffentlichen Verkehr dienende Bahnen von einer über örtliche Interessen hinausgehenden wirtschaftlichen Bedeutung,
   a) Hauptbahnen,
   b) Nebenbahnen

oder nach der Person des Eigentümers
   a) Staatsbahnen,
   b) Privatbahnen,

2. Kleinbahnen, d. h. dem öffentlichen Verkehr dienende Bahnen von nur örtlicher Bedeutung,
3. Schienenbahnen, die nicht dem öffentlichen Verkehr dienen, (darunter Privatanschlußbahnen).

Das Gesetz vom 3. November 1838 blieb in Preußen die einzige Norm für das Eisenbahnwesen, bis die Bestimmung der Verfassung des Deutschen Reiches vom 16. April 1871 (Art. 4 und 41—47) und dann die der Verfassung vom 11. August 1919 (Art. 89—96 u. 171) auf die preußischen Eisenbahnen Anwendung finden mußten.

In der neuen Verfassung werden unterschieden die „Bahnen des allgemeinen Verkehrs" von allen übrigen[2]). Unter die „dem allgegemeinen Verkehr dienenden" Eisenbahnen fallen alle Eisenbahnen des öffentlichen Verkehrs mit Ausnahme der Bahnen von überwiegend örtlicher Bedeutung, d. h. Kleinbahnen und Förderbahnen[3]).

Die Kleinbahnen werden in Preußen nach der Ausführungsanweisung vom 13. August 1898 weiter eingeteilt in „nebenbahnähnliche Kleinbahnen" und „Straßenbahnen"[4]).

„Kleinbahnen sind die dem öffentlichen Verkehr dienenden Eisenbahnen, welche wegen ihrer geringen Bedeutung für den allgemeinen

---

andererseits von den städtischen Bahnen, die nur dem Verkehr einer Stadt und ihrer näheren Umgebung und den von Städtepaaren (Städtegruppen) zu dienen haben, zum dritten von den Förderbahnen, die nur für den nichtöffentlichen Verkehr bestimmt sind. Jedenfalls brauchen wir für jede Art von Schienenwegen von Reichs wegen ‚Ordnungen', die für das ganze Reichsgebiet gültig sind."

[1]) Handbuch der Gesetzgebung in Preußen und dem deutschen Reiche, herausgegeben von Hue de Grais, Bd. XIX, Fritsch, K., Die Eisenbahnen, Berlin 1906.

[2]) Art. 89: „Aufgabe des Reiches ist es, die dem allgemeinen Verkehr dienenden Eisenbahnen in sein Eigentum zu übernehmen und als einheitliche Verkehrsanstalt zu verwalten."

[3]) Sarter, Die Verfassung des Deutschen Reiches vom 11. August 1919 und die Kleinbahnen, Zeitschr. f. Kleinbahnen, Sept. 1919.

[4]) Weitere Unterteilung siehe Trautvetter, K., Linienführung elektrischer Bahnen, Berlin 1920, S. 4—6.

Eisenbahnverkehr dem Gesetz über die Eisenbahnunternehmungen vom 3. November 1838 nicht unterliegen. Insbesondere sind Kleinbahnen in der Regel solche Bahnen, welche hauptsächlich den örtlichen Verkehr innerhalb eines Gemeindebezirks oder benachbarter Gemeindebezirke vermitteln". (Preußisches Kleinbahngesetz § 1.)

Von den außerpreußischen Bundesstaaten hat nur Oldenburg ein dem preußischen nachgebildetes Kleinbahngesetz[1]) und Bayern ein Lokalbahngesetz[2]), in den übrigen Bundesstaaten wird die öffentlich-rechtliche Stellung der Kleinbahnen und Straßenbahnen durch die allgemeinen Eisenbahngesetze oder durch Wegegesetze, Sondergesetze und Verordnungen[3]) geregelt.

Von außerdeutschen Ländern haben besonders Belgien, die Schweiz, die Niederlande, England, Italien und Frankreich das Kleinbahnwesen durch gesetzliche Maßnahmen zu fördern gesucht[4]).

Die dort üblichen Begriffsbestimmungen und Abgrenzungen decken sich selten mit den preußischen. Ungefähr entsprechende Bezeichnungen für Kleinbahnen sind: chemins de fer vicinaux, Nebenbahnen, local tramways (stoomtramways), light railways, ferrovie economiche, chemins de fer d'interêt local.

Begriffsbestimmungen für Straßenbahnen sind hier und da versucht worden[5]), ohne daß eine einzige alle wesentlichen Merkmale zutreffend in sich vereinigte.

Wir bezeichnen als Straßenbahnen ein öffentliches Verkehrsunternehmen, das in seiner Linienführung auch kleinem Verkehr nachgeht oder verkehrslose Gebiete erst aufschließt, in geschlossenen Orten meistens die öffentlichen Straßen mitbenutzt, außerhalb derselben auf ihnen oder in ihrer nächsten Nähe verläuft und sich durch häufige Folge weniger Wagen und einfachste Aufnahme und Abgabe von Fahrgästen auszeichnet.

Im Auslande führen die Straßenbahnen meistens die Bezeichnung „tramway" oder eine ähnliche.

Privateisenbahnen sind die nicht im Eigentum des Staates stehenden Eisenbahnen des allgemeinen Verkehrs. — In Preußen wurden sie nach dem Eisenbahngesetz von 1838 genehmigt, da sie meistens vor Erlaß des Kleinbahngesetzes (1892) erbaut wurden. Nach ihren Bau- und Betriebseinrichtungen sind sie aber eher den Kleinbahnen zuzuzählen, sie werden deshalb in dieser Arbeit mitbehandelt.

---

[1]) Gesetz vom 7. Januar 1902.

[2]) Lokalbahngesetz vom 21. April 1884.

[3]) Entwurf vom Jahre 1915 zu einem Württembergischen Wegegesetz, enthaltend u. a. die Regelung des Kleinbahnwesens. Sächsische Verordnungen vom 26. Juni 1851, 30. November 1872, 29. Dezember 1892, 20. Juli 1898 usw.

[4]) Theissig, Dr. Kurt, Die Rechtsstellung der Straßenbahngesellschaften gegenüber dem Staat und der Gemeinde nach dem sächsischen Recht. 1908.

[5]) Trautvetter, K., Das deutsche Verkehrswesen. Archiv für Eisenbahnwesen 1920, S. 892 ff.

2. Die volkswirtschaftliche Bedeutung der Kleinbahnen und Privateisenbahnen.

Man hat die Eisenbahnnetze nicht mit Unrecht mit Wasserstraßennetzen verglichen. Den Strömen (Hauptflüssen), Nebenflüssen und Bächen entsprechen die Hauptbahnen, Nebenbahnen und Kleinbahnen[1]). Wir können noch hinzufügen: den Kanälen, Hafenanlagen usw. entsprechen Überlandbahnen, Städtebahnen und städtische Bahnen (Straßenbahnen, Vorortbahnen und Schnellbahnen). Wie die Nebenflüsse und Bäche für die Ströme, so sind die Kleinbahnen für die Vollbahnen die notwendigen Zubringer. Dies erhellt schon daraus, daß die Frachten auf allen deutschen Bahnen im Durchschnitt einen Weg von etwa 120 km zurücklegen und die Mehrzahl der Kleinbahnen nur 20—40 km Länge aufweisen, die meisten Kleinbahnfrachten also auf Vollbahnen übergehen und am üblichen Umlauf teilnehmen[2]).

Man hat auch die Eisenbahnnetze mit den menschlichen Blutgefäßen (Schlagadern, Arterien und Venen), und die Kleinbahnen mit ihren feinsten Verästelungen, den Venen, verglichen. Stellen, an die das Blut (der Verkehrsstrom) nicht hingelangt, bleiben im Wachstum zurück[3]).

Die volkswirtschaftliche Bedeutung der Kleinbahnen und ähnlicher Verkehrsunternehmungen äußert sich in vielfacher Weise[4]).

a) Die Beförderungskosten sinken bedeutend gegenüber Fuhrwerk[5]).

b) Eine bedeutende Zeitersparnis tritt ein. Sie ist schon wesentlich bei landwirtschaftlichen Güterbahnen (Obst-, Milch-, Viehbeförderung; von überragender Bedeutung ist sie bei den elektrischen Schnellbahnen der Großstädte).

c) Die Transportfähigkeit vieler Produkte nimmt bedeutend zu. An der Bahn liegende Bezirke stellen sich dar als Ausbuchtungen der Thünenschen Kreise[6]).

d) Preiserniedrigung und Preisausgleichung der Produkte tritt in gewissen Grenzen ein.

e) Die Produktionskosten werden verbilligt und die Produktion gesteigert.

---

[1]) von Weichs, Das Lokalbahnwesen usw. Leipzig 1889.

[2]) Zur Tariffrage der Neben- und Kleinbahnen. Verkehrstechnik 1920, Heft 35, S. 515.

[3]) von Heimburg, 50000 km landwirtschaftliche Lokalbahnen. Oldenburg.

[4]) Sax, Dr. E. Die Verkehrsmittel in Volks- und Staatswirtschaft. I. Bd. Allgemeine Verkehrslehre, Berlin 1918.

[5]) Frankenberg, Graf, Denkschrift über den Bau und Betrieb von Kleinbahnen usw. Breslau 1872.

[6]) Wächter, Dr. Max, Die Kleinbahnen in Preußen, Berlin 1902. von Thünen, Johann Heinrich, Der isolierte Staat in Beziehung auf Landwirtschaft und Nationalökonomie. Bd. I, 1. Aufl., 1826. von Weichs, Friedr., Das Lokalbahnwesen, seine Organisation und Bedeutung für die Weltwirtschaft. Leipzig 1889.

f) Latenter Verkehr wird geweckt.
g) Neue Produktionsquellen werden erschlossen und ihre Produkte marktfähig. (Steinbrüche, Lehmgruben, Braunkohlenfelder, Torfmoore, Wälder, Obst- und Gemüseplantagen, Rieselfelder.)
h) Die territoriale Arbeitsteilung wird weiter durchgeführt. Die Produktionszweige suchen sich ihre wirtschaftlichsten Standorte. (Brennstoffe, Wasserkräfte.)
i) Auch in entlegenen Bezirken kann ein voller Marktpreis erzielt werden.
k) Arbeitskräfte können herangezogen werden, die verkehrsarme Gegenden sonst meiden.
l) Die Bodenrente wird gesteigert. (Billiger Bezug von Düngemitteln und Maschinen.)
m) Erziehung und Bildung wird gefördert. (Schnelle und billige Fahrten der Kinder in die Schulen, anderer Personen an Bildungsstätten.)
n) Siedlungswesen und Volksgesundheit werden gehoben. (Wohnung außerhalb der Fabrik- und Arbeitsstätten, Badereisen.)
o) Der Wert der Grundstücke wird gesteigert. (Ödland kann Bauland werden.)
p) Volkswohlstand und Steuerkraft werden gehoben.

In den nebenbahnähnlichen Kleinbahnen Deutschlands waren am 31. März 1915 investiert 841,6 Mill. Mark[1]), in den Straßenbahnen 1,466 Milliarden Mark[2]). Das Anlagekapital der Privateisenbahnen Deutschlands betrug am 31. März 1918 467,4 Mill. Mark.

Durch den Weltkrieg ist die volkswirtschaftliche Bedeutung der Kleinbahnen für Deutschland noch gewachsen.

Die Wiedererstarkung des verarmten Staates kann nur von innen heraus, durch Erhöhung der Produktivität und des Wirkungsgrades seiner Produktion erfolgen. Wesentlich sind hierfür u. a. Innenkolonisation, Urbarmachung von Ödflächen und Mooren, Güteraufteilungen, Meliorisationen. Dazu aber ist ein dichtes Schienennetz, und zwar von Kleinbahnen, erforderlich, da Vollbahnen zu kostspielig sind.

3. Unternehmungsformen.

Man kann bei den deutschen Kleinbahnnn drei verschiedene Unternehmungsformen unterscheiden[3]):

a) reine Privatunternehmungen, d. h. Unternehmungen, die im Privateigentum und Privatbetrieb stehen,

[1]) Statistik der Kleinbahnen im Deutschen Reiche f. d. J. 1914, Zeitschrift für Kleinbahnen 1916, Heft 2, S. 76 u. 91.

[2]) Statistik der Kleinbahnen im Deutschen Reiche f. d. J. 1914, Zeitschrift für Kleinbahnen 1916, Heft 4, S. 263.

[3]) Müller-Gerthe, Denkschrift: Die Straßenbahnen des Rheinisch-Westfälischen Industriebezirks.

b) gemischte Unternehmungen, d. h. Privatunternehmungen, die in irgendeiner Form bezüglich Eigentum oder Betrieb mit Kommunen verbunden sind[1]),

c) rein kommunale Unternehmungen, d. h. kommunale Unternehmungen, die in kommunalem Eigentum und Betrieb stehen.

Diese kann man noch unterteilen in:

a) Unternehmungen in der Organisationsform der Kommunen (Städte, Kreise, Provinzen),

b) Unternehmungen in privatwirtschaftlicher Form (A.-G., G. m. b. H. usw.).

Die ersten Kleinbahnen, wie Eisenbahnen überhaupt, waren Privatunternehmungen. Die meisten Staaten schwankten jahrzehntelang zwischen Staats- und Privatbahnsystem mangels Erfahrungen in Bau und Betrieb und infolge mancher Fehlschläge in den Entstehungsjahren der Eisenbahnen.

1878 wurden alle Eisenbahnen Deutschlands bis auf geringe Ausnahmen, die zum großen Teil heute noch als Privateisenbahnen fortbestehen, verstaatlicht.

Es dauerte nun noch einige Zeit (bis 1880), bis Privatunternehmungen wieder in kleinem Maßstabe an den Bau von Kleinbahnen und Straßenbahnen herangingen. Erst das preußische Kleinbahngesetz von 1892 gab neue Anregung.

Kommunen beteiligten sich aber anfangs nur äußerst selten[2]). Dies änderte sich mit den Zeiten, je mehr die Kommunen den gemeinwirtschaftlichen Wert der Bahnen erkannten und je geringer das Bau- und Betriebsrisiko wurde. Auch die öffentliche Meinung trug viel dazu bei, daß sich die Kommunen in neuerer Zeit in großem Umfange an solchen Unternehmungen beteiligten, da man den reinen Privatunternehmungen vorwarf, daß sie nur solche Strecken ausbauten, die von Anfang an eine sichere Rentabilität versprachen und daß sie dringende Verkehrsbedürfnisse und Siedlungsaufgaben nicht erfüllten.

Das rein private System hatte noch den Nachteil, daß jede Strecke nach neuen Verträgen mit den Wegeunterhaltungspflichtigen und u. a. stark geänderten Grundsätzen erbaut wurde und deshalb kein einheitliches Kleinbahnnetz entstehen konnte.

Die gemischten Unternehmungen entstanden aus den reinen Privatunternehmungen. Der Einfluß der Kommunen und ihre Mitwirkung erstreckt sich hierbei in der Regel nur auf die Eigentumsverhältnisse, bisweilen auch auf Fahrplan und Tarif sowie Ausbau des Netzes. Die Betriebsführung verbleibt meistens dem Privatunternehmer. Durch den Zusammenschluß der Unternehmer mit den Kommunen entfielen

[1]) Die Konzession kann vom Privatunternehmer selbst unmittelbar erworben oder von Kommunen mit allen Rechten und Pflichten übernommen sein.

[2]) 1892 wurde das Anlagekapital von 330000 Mk. für die Strausberger Kleinbahn zum Teil von Interessenten (241000 Mk.), dem Kreis (34000 Mk.) und der Provinz (55000 Mk.) aufgebracht.

viele Streitigkeiten, Abgaben und Auflagen wurden meistens erträglicher gestaltet, Anleihen wurden zu mäßigem Zinsfuß oder unter Bürgschaft von Kommunen leichter untergebracht, u. a. m.

Auch die rein kommunalen Unternehmungen haben sich zum Teil aus rein privaten Unternehmungen entwickelt, ein anderer Teil hat jedoch das Kleinbahn- bzw. Straßenbahnunternehmen von vornherein selbständig durchgeführt, besonders Großstädte. Bei kommunaler Organisationsform wird die Bahnverwaltung durch städtische bzw. Kreiskörperschaften, in der Regel mit einem Dezernenten für das Verkehrswesen und einem Direktor für den technischen Betrieb, ausgeübt. Bei den Gemeinden bestehen oft auch besondere Verkehrsdeputationen oder Kommissionen.

Bei den privatwirtschaftlich organisierten privaten Unternehmungen scheidet dagegen meistens die unmittelbare Einwirkung der städtischen bzw. Gemeinde- oder Kreiskörperschaften auf den Betrieb aus. Er wird durch einen auf Privatvertrag angestellten Direktor (Betriebsleiter) geführt und durch einen Aufsichtsrat, in den die beteiligten Kommunen Vertreter entsenden, überwacht.

Diese letzte Form „Kommunalbetrieb in Privatrechtsform" hat neuerdings bedeutend an Ausdehnung gewonnen, und namhafte Fachmänner treten sehr entschieden für sie ein[1]).

Bei den preußischen nebenbahnähnlichen Kleinbahnen überwiegt die Form der Gesellschaftsunternehmen. Es sind deren 216 (im Rechnungsjahr 1914) vorhanden, während Kommunalverbände (Kreise oder Gemeinden) Unternehmer von 110 Bahnen sind. In reiner Privatunternehmung stehen nur 3 Bahnen. In den außerpreußischen Bundesstaaten sind 15 Bahnen Gesellschaftsunternehmungen, 16 stehen in kommunalem oder staatlichem Eigentum. — Der Betrieb wird vielfach nicht von den Eigentümern, sondern von gewerbsmäßigen Betriebsunternehmern, von Provinzialverbänden und in einzelnen Fällen vom Staate geführt[2]).

Von den am 31. März 1914 in Deutschland vorhandenen oder genehmigten 295 Straßenbahnen befanden sich 137 im Eigentum und Betrieb von Kommunalverbänden (Kreisen und Gemeinden), 144 im Besitz von privaten Gesellschaften[3]).

---

[1]) Devin, Adolf, Dr. Ing., Wirtschaftliche Betriebs- und Verwaltungsfragen städtischer Straßenbahnen, Karlsruhe 1919.

[2]) Statistik der Kleinbahnen im Deutschen Reiche für das Jahr 1914, Zeitschrift für Kleinbahnen 1916, Heft 2.

[3]) Statistik der Kleinbahnen im Deutschen Reiche für das Jahr 1914, Zeitschrift für Kleinbahnen 1916, Heft 4.

Zweiter Abschnitt.

Die wirtschaftliche Lage der Kleinbahnen und Privateisenbahnen vor dem Weltkrieg.

1. Anlagekapital.

Das Anlagekapital einer technischen Einrichtung setzt sich zusammen aus allen denjenigen Lieferungen und Leistungen, die in das Unternehmen eingebracht worden sind, bis es anfing normal zu arbeiten und denjenigen für Erweiterungen[1]).

Es gehören dazu[2]):

1. Gründungskosten (Stempel, Verdienste der Geldgeber, Vorarbeiten).
2. Der Kaufpreis für den Grunderwerb und Entschädigungen im Enteignungsverfahren.
3. Der Kaufpreis für alle Bau- und Betriebseinrichtungen einschließlich Transport- und Verpackungskosten.
4. Die Kosten für die Bauausführung bzw. Aufstellung von Maschinen einschließlich aller Kosten und Entschädigungen für Beseitigung oder Beschädigung vorhandener Anlagen (Häuser, Grundstücke, Leitungen, Bäume, Maschinen usw.).
5. Die Kosten für provisorische Anlagen.
6. Etwaige Sachverständigengebühren.
7. Die Kosten für Ersatzteile, die von Anfang an vorrätig sein müssen.
8. Die Kosten für erste Ausrüstung und Uniformierung des Personals.
9. Die Kosten für den Probebetrieb (bei Straßenbahnen und Kleinbahnen in der Regel für 14 Tage).
10. Die Kosten für Änderungen und Ergänzungen und eines etwa unverhältnismäßig teueren Betriebes während der ersten Betriebszeit, ferner Einnahmeausfälle, die sich aus Unvollkommenheit der neuen Anlage ergeben (in Kostenanschlägen meistens zusammengefaßt unter einer Position „Unvorhergesehenes“).
11. Die Zinsen für die Zeit bis zum Beginn des normalen Betriebes (sog. „Bauzinsen“).
12. Die Bauleitungskosten.
13. Die etwa notwendige sofortige Dotierung des Erneuerungsfonds.

---

[1]) Professor Blum: Beiträge zur Ermittlung der Selbstkosten. Verkehrstechnische Woche 1914, Nr. 52, S. 482.

[2]) Trautvetter, K.: Elektrische Straßenbahnen und straßenbahnähnliche Vorort- und Überlandbahnen, Kostenanschlag, S. 8 ff., Berlin 1913.

Die Anlagekosten der Bahnen zeigen sehr verschiedene Höhe, nicht nur der einzelnen Bahngattungen gegeneinander, sondern auch der Bahnen ein und derselben Gattung unter sich.

Während bei Vollbahnen für den bedeutendsten Verkehr oder für strategische Zwecke, die beste technische Lösung der Aufgabe im Vordergrund steht und den Anlagekosten eine untergeordnete Bedeutung zukommt, sind bei Klein- und Straßenbahnen die Anlagekosten oft das für das Zustandekommen des Unternehmens ausschlaggebende Moment. Sie sind durchschnittlich am niedrigsten bei Kleinbahnen in landwirtschaftlichen Flachlandgegenden (bei sog. „Rübenbahnen"). Während die Anlagekosten für normalspurige preußisch-hessische Staatsbahnen im Jahre 1914 durchschnittlich 320000 Mk. für den km zweigleisige Strecke betrugen[1]), beliefen sie sich bei vollspurigen nebenbahnähnlichen Kleinbahnen in Preußen auf durchschnittlich 81770 Mk. für den km, bei schmalspurigen auf 51313 Mk.[2]).

Erheblich höher als bei (landwirtschaftlichen) Kleinbahnen sind die Anlagekosten bei Straßenbahnen infolge ihres größeren Betriebsmittelparkes, ihrer Einrichtungen für elektrischen Betrieb, der hohen Straßenbaukosten usw. 1 km vollspurige Straßenbahn erforderte in Preußen (mit Ausnahme von Berlin und Umgegend) ein durchschnittliches Anlagekapital von 238984 Mk. für den km, bei den Berliner Straßenbahnen von 535386 Mk., 1 km schmalspurige Straßenbahn kostete durchschnittlich 141134 Mk.[3]).

Aus diesen Zahlen erhellt die große Bedeutung der Spurweite. Bei der großen Verarmung des Landes infolge des Weltkrieges einerseits, der großen wirtschaftlichen Bedeutung des Kleinbahnbaues andererseits, ist der bedeutende Unterschied in den Anlagekosten ein erheblicher Grund für die Wahl der Schmalspur. Professor Dr. Ing. Blum empfiehlt deshalb bei Neubauten eine Spurweite von 0,750 m für nebenbahnähnliche Kleinbahnen und von 1 m für elektrische Straßenbahnen[4]).

Nach dem Weltkriege ist eine genaue buchmäßige Feststellung der Anlagewerte außerordentlich schwer.

Vor dem Kriege investiertes Kapital ist in Goldmark berechnet worden, inzwischen ausgeführte Erweiterungen können in Gold- oder Papiermark zu Buche stehen; die Zahlen für Kassabestände und Bankguthaben bedeuten dagegen Papiermark.

Nach § 40 des Handelsgesetzbuches ist die Bilanz in Reichswährung aufzustellen. Nach dem Münzgesetz vom 1. Juni 1909 (§ 1) hat Deutschland Goldwährung. Nach dem Gesetz betreffend die Ausprägung von Reichsgoldmünzen vom 4. Dezember 1871 soll 1 Mark

---

[1]) „Statistisches Jahrbuch für das Deutsche Reich", 1917.

[2]) „Statistik der Kleinbahnen im Deutschen Reiche für das Jahr 1914", Zeitschrift für Kleinbahnen, Februar 1916, S. 76.

[3]) „Statistik der Kleinbahnen im Deutschen Reiche für das Jahr 1914", Zeitschrift für Kleinbahnen, April 1916, S. 250.

[4]) Blum, Otto, Der Wiederaufbau unseres Verkehrswesens, 3. Heft der Sammlung „Der Aufbau", Stuttgart 1919.

gleich dem 1395. Teil eines Pfundes Feingold sein. Die heute nicht mehr bestehenden alten Währungsverhältnisse können erst nach eingetretener Stabilisierung unserer Valuta eine neue Regelung finden. Die Praxis sucht sich inzwischen den Zeitveränderungen (Wertsteigerungen und Geldentwertung) durch Erhöhung ihres Gesellschaftskapitals anzupassen [1]).

2. Unterstützung aus öffentlichen Mitteln.

In Preußen brachte das Kleinbahngesetz vom 28. Juli 1892 eine Regelung der Unterstützungen aus öffentlichen Mitteln.

§ 41 weist die Provinzial- und Kommunalverbände darauf hin, daß ihnen vornehmlich die Aufgabe der Förderung des Kleinbahnbaues durch Subventionen obliege und ermächtigt sie zur Verwendung der ihnen durch die Dotationsgesetze überwiesenen Kapitalien und Summen zu diesem Zwecke [2]).

Die Unterstützung erscheint in verschiedenen Formen:

I. Bereitstellung technischer Kräfte für Vorarbeiten und Bau,

II. Unmittelbare finanzielle Förderung durch:
   1. Beihilfen zu den Kosten der Vorarbeiten,
   2. Finanzielle Unterstützung der Bauausführung durch:
      a) Finanzielle Beteiligung am Unternehmen (Aktienzeichnung),
      b) Zinsgarantie (anteilige Übernahme der Zinsen des Baukapitals),
      c) Darlehen,
      d) Verlorenen Kostenzuschuß (à fonds perdu).

In Preußen haben Staat und Verbände für die Gewährung von Beihilfen Grundsätze aufgestellt. Der Staat handelt dabei nach dem Grundsatz „des gleichen Schritthaltens mit den Provinzen“ [3]). Volkswirtschaftlicher Wert des Unternehmens, Bedürftigkeit und zu erwartende Rentabilität sind meistens Voraussetzungen für die Gewährung der Beihilfen. Privateisenbahnen und Straßenbahnen sind, da sie vorzugsweise nur einem beschränkten Kreis von Interessenten dienen, nur in Ausnahmefällen aus öffentlichen Mitteln unterstützt worden. (Z. B. Straßenbahnen in Brandenburg, Hannover und dem abgetretenen Memelgebiet.) Aus dem staatlichen Kleinbahnunterstützungsfonds, der im Jahre 1918 145 Millionen Mark betrug [4]), sind bis Ende 1920 138,88 Millionen Mark für den Bau von nebenbahnähnlichen Kleinbahnen und etwa 0,7 Millionen Mark für Straßenbahnen bewilligt worden [5]). Die preußischen Provinzen haben bis

---

[1]) Prion, Dr. W., Die Finanzierung und Bilanz wirtschaftlicher Betriebe unter dem Einfluß der Geldentwertung. Berlin 1920.

[2]) Eger, Dr. Georg, Kommentar zum Kleinbahngesetz, Berlin 1904, S. 391 ff.

[3]) Denkschrift des preußischen Ministers der öffentlichen Arbeiten, Drucksache Nr. 75/1903 des Hauses der Abgeordneten.

[4]) Entwicklung der Kleinbahnen in Preußen für das Jahr 1918. Zeitschrift für Kleinbahnen, Februar 1920, S. 50.

[5]) Unveröffentlichte Nachweisung des preußischen Ministeriums der öffentlichen Arbeiten.

Ende 1915 rund 100 Millionen Mark für den Bau von nebenbahnähnlichen Kleinbahnen bewilligt[1]).

Die Kreise haben sich nicht nur mit eigenen Mitteln und den Staats- und Provinzialdarlehen am Bau von nebenbahnähnlichen Kleinbahnen und Straßenbahnen beteiligt (1915: 278 + 254 Millionen Mark), sondern haben auch fremden Unternehmungen Bau- und Betriebsdarlehen (1915: 2,9 + 2,2 Millionen Mark) oder verlorene Zuschüsse (1915: 5,1 + 7,4 Millionen Mark) gewährt oder Zinsbürgschaften oder Jahreszuschüsse übernommen (1915: 8,7 + 2,1 Millionen Mark. Der im Rechnungsjahr 1915 den Kreisen erwachsene Aufwand an gezahlten oder entgangenen Zinsen, an Tilgungsbeträgen, an Zinszuschüssen usw. aus eigenen Mitteln betrug 12,4 + 12,7 Millionen Mark[2]).

Auch in außerpreußischen Ländern[3]) und im Auslande ist der Kleinbahnbau aus öffentlichen Mitteln unterstützt worden, am wirksamsten und weitgehendsten in Belgien. Dort stattete der Staat die Société Nationale des Chemins de fer Vicinaux mit besonderen Vorrechten aus. Etwa die Hälfte der Aktien dieser Gesellschaft übernahm der Staat, von der anderen Hälfte übernahmen den größten Teil die Provinzen und Gemeinden[4]).

3. Rentabilität.

Rentabilität und Produktivität stehen in einem ähnlichen Verhältnis wie die Begriffe Erwerbskapital und Produktivkapital. Während man beim Begriff der Produktivität lediglich den Ertrag an Sachgütern und Arbeitsleistungen vor Augen hat, bedeutet die Rentabilität die Ergiebigkeit des Erwerbs; sie stellt sich zahlenmäßig dar als das Verhältnis des Ertrages zum entsprechenden Kapital[5]).

Die Rentabilität ist wesentlich bedingt durch die Produktivität, das heißt, also hier durch die Verkehrsleistung der Anlagen beziehungsweise ihr Geldäquivalent, die Betriebseinnahmen. Der den Einnahmen gegenüberstehende zweite Faktor für die Rentabilität sind die Betriebsausgaben. Das Verhältnis der Ausgaben zu den Einnahmen den „Betriebskoeffizienten“ betrachtet man in der Praxis der Bahnbetriebe als Maßstab für ihre innere Ökonomie; aus steigendem Betriebskoeffizienten schließt man auf unökonomisches Wirtschaften, aus fallendem umgekehrt. Innerhalb ein und desselben Betriebes sind solche Schlüsse berechtigt, zum Vergleich mehrerer Unternehmungen mit verschieden hohem Anlagekapital sind sie wenig geeignet. Außer dem Betriebskoeffizienten muß der Betriebsüberschuß berücksichtigt werden, das

---

1) Statistik der Kleinbahnen im Deutschen Reiche für das Jahr 1915. Zeitschrift für Kleinbahnen, März 1917, S. 117.

2) Zeitschrift für Kleinbahnen, März 1917, S. 120.

3) Bestimmungen und Gesetze zur Förderung von Kleinbahnen und Nebenbahnen (Lokalbahnen) in den außerpreußischen Staaten Deutschlands. „Die Straßenbahn“ 1894, Nr. 37—40.

4) Kayser, O., Dr. Ing., Die belgischen Kleinbahnen, Berlin 1911.

5) Hermes, Fr., Dr., Finanzierung und Rentabilität deutscher Straßenbahnen. Jena 1919, S. 46.

ist die Differenz zwischen Betriebseinnahmen und Betriebsausgaben. Aus dem Betriebsüberschuß sind zu bestreiten: Abschreibungen, Dotierungen der Erneuerungsfonds, Beiträge zur Angestelltenversicherung, zu Pensionskassen, zu Haftpflichtversicherungen, Steuern, Abgaben und Zinsen. Nach Abzug dieser Summen verbleibt der Reingewinn.

Im Betriebsjahre 1913 (mit normalen Verhältnissen vor dem Weltkriege) haben von 282 preußischen nebenbahnähnlichen Kleinbahnen 21 vom Hundert überhaupt keinen Reingewinn abgeworfen. Bei 36 Bahnen betrug der Reingewinn bis 1 vom Hundert, bei 49 bis zu 2 vom Hundert, bei 51 bis zu 3 vom Hundert, bei 43 bis zu 4 vom Hundert, bei 26 bis zu 5 vom Hundert, bei 48 mehr als 5 bis 10 vom Hundert und bei 8 Bahnen über 10 vom Hundert des Anlagekapitals. Von 23 außerpreußischen nebenbahnähnlichen Kleinbahnen betrug der Reingewinn bei 3 Bahnen bis zu 1 vom Hundert, bei 4 bis zu 2 vom Hundert, bei 4 bis zu 3 vom Hundert, bei 4 bis zu 4 vom Hundert, bei 1 bis zu 5 vom Hundert, bei 4 mehr als 5 bis 10 vom Hundert und bei 1 Bahn über 10 vom Hundert des Anlagekapitals. Ganz ohne Verzinsung sind von den außerpreußischen nebenbahnähnlichen Kleinbahnen 2 Bahnen geblieben[1]).

Wesentlich günstiger gestaltete sich die Rentabilität der Straßenbahnen. Von 171 preußischen Straßenbahnen haben 15 im Betriebsjahre 1913 keinen Reingewinn abgeworfen. Bei 6 Bahnen betrug der Reingewinn bis zu 1 vom Hundert, bei 16 bis zu 2 vom Hundert, bei 15 bis zu 3 vom Hundert, bei 25 bis zu 4 vom Hundert, bei 21 bis zu 5 vom Hundert, bei 68 mehr als 5 bis 10 vom Hundert und bei 5 Bahnen über 10 vom Hundert des Anlagekapitals. Von 63 außerpreußischen Straßenbahnen haben 13 keinen Reingewinn abgeworfen. Bei 3 Bahnen betrug der Reingewinn bis zu 1 vom Hundert, bei 6 bis zu 2 vom Hundert, bei 4 bis zu 3 vom Hundert, bei 9 bis zu 4 vom Hundert, bei 10 bis zu 5 vom Hundert, bei 14 mehr als 5 bis 10 vom Hundert und bei 4 Bahnen über 10 vom Hundert des Anlagekapitals. Zusammen sind es demnach in Deutschland 28 Straßenbahnen gewesen, die im Betriebsjahre 1913 einen Reingewinn überhaupt nicht abgeworfen haben, 18 davon haben einen Betriebsverlust gehabt, das heißt ihre Betriebseinnahmen haben zur Deckung der Betriebskosten nicht gereicht[2]).

Aus den Berichten ergibt sich, daß die Rentabilität der deutschen Kleinbahnen einschließlich Straßenbahnen durchschnittlich schon zu Vorkriegszeiten recht gering war.

4. Tarife.

Die Tarife der Privateisenbahnen richten sich nach den allgemeinen und Berechnungsgrundsätzen für die Tarife der Reichseisenbahnen.

Ähnlich den Staatsbahntarifen sind in ihren Grundsätzen auch die Tarife der Überlandkleinbahnen, in der Regel in ihren Sätzen etwas

---

[1]) Zeitschrift für Kleinbahnen, Februar 1915, S. 88 u. 89.

[2]) Zeitschrift für Kleinbahnen, April 1915, S. 251 u. 252.

höher. Der Frachtsatz setzt sich aus zwei Teilen zusammen: einer von der Beförderungslänge unabhängigen Grundgebühr und einem nach der Beförderungslänge zu bemessenden Streckensatz. In einzelnen Fällen besteht zwischen Staatsbahn und Kleinbahn Tarifgemeinschaft. Es kommt dann die Grundgebühr bei Gütern, die von der einen Bahn auf die andere übergehen, nur einmal in Anrechnung.

Ganz abweichend von den Tarifen von Haupt-, Neben- und Kleinbahnen, deren Haupteinnahmen aus dem Güterverkehr entstehen, sind die Tarife der Straßenbahnen ausgebildet, die nur in Ausnahmefällen Güterverkehr haben.

Der Teilstreckentarif entspricht dem Grundsatz von Leistung und Gegenleistung und richtet sich je nach der Länge der von einem Fahrgast zurückgelegten Strecke bzw. nach der Anzahl der Teilstrecken.

Der Einheitstarif verwirklicht einerseits die sozialwirtschaftliche Forderung, daß derjenige Fahrgast, der für einen weiten Weg schon Zeitopfer bringt, nicht auch noch pekuniär belastet werde und unterstützt die sozialhygienischen Bestrebungen nach Ansiedlung der arbeitenden Bevölkerung in Vororten und beruht andererseits auf privatwirtschaftlicher Spekulation auf größeren Verkehr und höhere Einnahmen. Zu diesen Tarifen treten dann noch bei vielen Bahnen Umsteige- oder Netztarife und die verschiedenen Vergünstigungstarife für Abonnenten, Arbeiter, Schüler, Kinder usw.

Die Tarifpolitik der Staatsbahnen war stets ziemlich unabhängig, sie beruhte hauptsächlich auf gemeinwirtschaftlichen Grundsätzen, Einfluß auf sie hatten nur die gesetzgebenden Körperschaften.

Die Tarifpolitik der Kleinbahnen mußte sich im wesentlichen nach der der Staatsbahnen richten und ist in Preußen abhängig von der Genehmigung der Aufsichtsbehörde laut § 14 des Kleinbahngesetzes vom 28. Juli 1892 und Ausführungsanweisung vom 22. August 1892. Für Privateisenbahnen sind die Bestimmungen des Eisenbahngesetzes vom 3. November 1838 und dazu gehörige Anordnungen maßgebend[1]).

Die Tarifpolitik der Straßenbahnen richtet sich außer nach gemeinwirtschaftlichen oder erwerbswirtschaftlichen Grundsätzen nach der Dichte, Erwerbstätigkeit, örtlichen Verteilung, den Gewohnheiten und der Kaufkraft der Bevölkerung und nach anderen Gesichtspunkten. Sie ist nicht nur abhängig von den Aufsichtsbehörden, sondern auch von vertraglichen Mitbestimmungsrechten in Betracht kommender Wegeunterhaltungspflichtigen, von Interessenten, von öffentlichen Verbänden und der öffentlichen Meinung.

Die Tarife aller deutschen Bahnen waren vor dem Weltkriege allen ausländischen Bahnen gegenüber außerordentlich niedrig. Der Weltkrieg hat in Tarifpolitik und Tarifgestaltung eine große Umwälzung hervorgebracht.

---

[1]) Handbuch der Gesetzgebung, Band XIX. Die Eisenbahnen, Berlin 1906, S. 47.

Dritter Abschnitt.

Ursachen der Notlage.

1. Mißstände der Vorkriegszeit.

a) Zersplitterung in Bau und Betrieb der Bahnen.

Während Belgien ein großes einheitliches Netz von Kleinbahnen besitzt, sind die deutschen Kleinbahnen ohne jeglichen Zusammenhang im Lande verstreut. Sie sind weder nach einheitlichem Plan gebaut, noch betrieben oder ausgestattet. Man glaubte in Deutschland das Kleinbahnwesen am besten zu fördern, wenn man ihm möglichst wenig gesetzliche Vorschriften machte. So entstanden die Kleinbahnen sporadisch, meistens aus ganz beschränkten örtlichen Wünschen heraus, ohne Rücksichten auf die Bahnverhältnisse angrenzender Gebiete oder die Forderungen des großen Verkehrs, soweit sie nicht im eigenen Interesse lagen. Sie wurden erbaut von Privaten, Baugesellschaften, Gemeinden, Kreisen, Provinzen, ja bisweilen auch vom Staate. Die Eigentümer blieben auch nicht immer Betriebsunternehmer, sondern verpachteten häufig den Betrieb an gewerbsmäßige Betriebsunternehmen, in anderen Fällen entstanden kommunale oder staatliche oder auch gemischtwirtschaftliche Betriebsformen.

In ihrer Anlage und Ausstattung gleichen sich selten auch nur zwei benachbarte Bahnen. Sie weichen voneinander ab in Spurweite, Oberbau (Schienenprofil), Betriebskraft (Dampf, Elektrizität usw.), Betriebsmitteln (Form, Gewicht, Fassungsvermögen) usw.

Die Statistik der Kleinbahnen im Deutschen Reiche für das Jahr 1913 (die letzte normale vor Kriegsausbruch)[1]) ergibt folgendes Bild der nebenbahnähnlichen Kleinbahnen:

α) Es hatten eine Spurweite von

1,435 m	217	Bahnen mit	4933,22 km	Streckenlänge
1,000 „	60	„ „	2050,18 „	„
0,750 „	40	„ „	1960,96 „	„
0,600 „	9	„ „	676,90 „	„

eine gemischte Spurweite 20 Bahnen mit 1575,46 km Streckenlänge,
eine abweichende Spurweite 10 Bahnen mit 258,58 km Streckenlänge.

β) Betriebskraft.

Mit Dampflokomotiven wurden betrieben
304 Bahnen mit 10615,52 km Streckenlänge,
mit elektrischen Motoren
42 Bahnen mit 650,25 km Streckenlänge,
mit Dampflokomotiven und elektrischen Motoren
8 Bahnen mit 187,54 km Streckenlänge,
mit Drahtseilen
2 Bahnen mit 1,99 km Streckenlänge.

---

[1]) Zeitschrift für Kleinbahnen, Februar 1915, S. 96 ff.

γ) An Betriebsmitteln waren vorhanden

618	Dampflokomotiven, 2fach gekuppelt,
837	„ 3 „ „
17	elektrische Lokomotiven
4	Dampfwagen, 2achsig
5	„ 4 „
14	Benzol-, benzol-elektrische und andere Triebwagen,
313	elektrische Motorwagen, 2achsig,
379	„ „ 4 „
2280	Personenwagen, 2achsig,
1348	„ 4 „
13744	Güterwagen, 2achsig,
3830	„ 4 „
1249	Sonderwagen verschiedener Bauart für verschiedene Zwecke.

Von den Bahnen für Personenverkehr führten:

eine Klasse	38	Bahnen,
zwei Klassen	240	„
drei Klassen	31	„

Die Verhältnisse bei den deutschen Straßenbahnen liegen ähnlich wie bei den nebenbahnähnlichen Kleinbahnen. Wenn auch fast durchweg nur elektrische Betriebskraft benutzt wird, so wird doch die Mannigfaltigkeit der Ausführungsformen auf manchen Gebieten, z. B. der Stromerzeugung, der des Strombezugs, der elektrischen Ausrüstung der Betriebsmittel, des Oberbaues (Rillenschienenformen), der Ausführung und Ausrüstung der Werkstätten, noch vermehrt.

Es waren in Deutschland vorhanden am 1. April 1914 mit

1,435 m	Spurweite	87	Straßenbahnen	mit	1990,24	km	Streckenlänge
1,000 „	„	179	„	„	2476,26	„	„
0,750 „	„	2	„	„	10,11	„	„
0,600 „	„	2	„	„	15,45	„	„
gemischter	„	5	„	„	112,63	„	„
abweichender	„	17	„	„	678,48	„	„ [1])

Bisher waren bei den Straßenbahnen 122 verschiedene Rillenschienenprofile mit Höhen von 89 bis 231 mm und Gewichten von 16 bis 63 kg lfdm. im Gebrauch [2]). Dazu kamen noch eine Anzahl Formen von Vignolesschienen und Sonderschienen.

Die Betriebsmittel elektrischer Straßenbahnen zeigen ganz außerordentliche Abweichungen in den Untergestellen, Wagenkastenformen, in Fassungsvermögen und Gewicht, elektrischer und pneumatischer Ausrüstung, in Sitz- und Türenanordnung usw. Fast jede Straßenbahnverwaltung hat ihre besonderen Wagenformen.

Die Privateisenbahnen bieten in Bau und Betrieb ein ähnliches Bild wie die nebenbahnähnlichen Kleinbahnen. Auch bei ihnen kann von Einheitlichkeit keine Rede sein, zumal manche bereits vor Er-

[1]) Zeitschrift für Kleinbahnen, April 1915, S. 258 ff.

[2]) Trautvetter, Karl, Elektrische Straßenbahnen und straßenbahnähnliche Vorort- und Überlandbahnen, Berlin 1913, S. 62.

laß des preußischen Kleinbahngesetzes als Eisenbahnen genehmigt und zum Teil ausgerüstet sind, in Wirklichkeit aber in ihrer Verkehrsbedeutung den Kleinbahnen näher stehen.

b) Zersplitterung in der Gesetzgebung.

Für das Entstehen jedes volkswirtschaftlichen wie privatwirtschaftlichen Gebildes und für seine weitere Entwicklung ist die Gesetzgebung von primärer Bedeutung. Ihre Betrachtung gehört deshalb auch zu den wesentlichen Aufgaben einer Untersuchung des wirtschaftlichen Zustandes der Privateisenbahnen und der Kleinbahnen.

Die ersten bis 1840 in Deutschland eröffneten Eisenbahnen waren fast sämtlich Privatbahnen. 1875 waren $^1/_3$ v. H. der Eigentumslänge der deutschen Eisenbahnen Privatbahnen in Privatbetrieb. Noch am 1. April 1879 war etwas über die Hälfte des preußischen Bahnnetzes Privatbahn unter Privatverwaltung[1]). Am 31. März 1919 gab es in Deutschland nur noch 111 Privateisenbahnen und zwar 86 vollspurige mit zusammen 3568,13 km Streckenlänge und 25 schmalspurige mit zusammen 953,25 km Streckenlänge, das heißt nur noch etwa 7,2 v. H. aller deutschen Eisenbahnen[2]). Bei weitem die Mehrzahl dieser Privatbahnen hat nach Streckenlänge, Anlagekapital, Verkehrsleistungen usw. die Bedeutung von Kleinbahnen. Sie unterliegen in Preußen aber nicht dem Kleinbahngesetz von 1892 sondern dem Eisenbahngesetz von 1838. Es erklärt sich dies aus ihrer Entstehung vor dem Jahre 1892 und aus verschiedenen Anschauungen der Genehmigungsbehörden über die Bedeutung der einzelnen Bahnen zu den verschiedenen Zeiten und in den verschiedenen Landesteilen. Diese unzulängliche gesetzliche Regelung tritt besonders zutage, nachdem es durch Artikel 89 der neuen Verfassung Aufgabe des Reichs geworden ist, die dem allgemeinen Verkehr dienenden Eisenbahnen in sein Eigentum zu übernehmen, ohne Rücksicht darauf ob es sich um Staats- oder Privatbahnen handelt. Notleidende Privatbahnen, die aber ihre Übernahme auf das Reich beantragten, sind ohne Ausnahme abgewiesen worden. Eine Frist für das Reich zur Durchführung seiner Aufgabe ist auch nicht festgelegt.

Eine Änderung dieser unzulänglichen Verhältnisse kann dadurch herbeigeführt werden, daß Privatbahnen, die zweifellos dem allgemeinen Verkehr dienen, ihre Übernahme auf das Reich durchsetzen, die anderen aber im Wege der Konzessionsänderung sich den Kleinbahnen anschließen.

Ein bedeutender Faktor in der Volkswirtschaft war seit 1835 die Eisenbahnpolitik. Nach vielen Schwankungen zwischen Privat- und Staatsbahnsystem begann nach 1866 durch Bismark angeregt[3]) die Ver-

[1]) Lotz, N. Prof. Dr., Verkehrsentwicklung in Deutschland 1800 bis zur Gegenwart. Leipzig 1910, S. 30.

[2]) Statistik der im Betrieb befindlichen Eisenbahnen Deutschlands. Bd. XIX. Berlin 1920.

[3]) v. der Leyen, A., Prof. Dr., Die Eisenbahnpolitik des Fürsten Bismarck. Berlin 1914.

staatlichungsbewegung. Noch um 1870 war die Zersplitterung auf dem Gebiet des Eisenbahnwesens in Deutschland gewaltig. Preußen, Bayern, Hessen, Mecklenburg, die Thüringischen Staaten hatten sämtlich ihre besondere Eisenbahnpolitik. 1874 erwarb der Bayerische Staat die Ostbahnen, 1876 Sachsen die Leipzig-Dresdener Bahn, seit 1879 der preußische Staat allmählich die wichtigsten Linien. Die Herrschaft über die Eisenbahnen war 1884 dem Staat endgültig gesichert. Ein bedeutendes Ereignis bildete dann die Herbeiführung einer Eisenbahngemeinschaft zwischen Preußen und dem ehemaligen Großherzogtum Hessen am 1. April 1897. Den Schlußstein in der Staatsbahnpolitik bildete die Zusammenfassung aller einzelstaatlichen Staatsbahnen zu einer Reichseisenbahn durch die Verfassung des Deutschen Reichs vom 11. August 1919, durchgeführt im Jahre 1920.

Auf die Kleinbahnen vorwiegend örtlichen Charakters erstreckte sich die Eisenbahnpolitik der deutschen Bundesstaaten nicht. Das Deutsche Reich hat die volkswirtschaftliche Bedeutung der Kleinbahnen zu keiner Zeit gebührend anerkannt und sich infolgedessen um sie kaum bekümmert. Obwohl schon die alte Verfassung in dem Sinne gesetzlicher Förderung des Kleinbahnwesens hätte ausgelegt werden können[1]), überließ es alles den Bundesstaaten und auch diesen hat für die notwendige Einheit der Kleinbahnen vielfach das Verständnis gefehlt. Auch die neue Verfassung berüchsichtigt die Kleinbahnen nicht genügend[2]).

Gesetze und Verordnungen zur Regelung des Lokalbahnwesens ergingen in allen deutschen Bundesstaaten ohne gegenseitige Fühlungnahme, nur das oldenburgische Kleinbahngesetz von 1902 ist dem preußischen nachgebildet. 1865 und 1878 wurden in Württemberg Gesetze und Bahnordnungen erlassen, die auch die Eisenbahnen untergeordneter Bedeutung betrafen. Baden erließ 1869 sein erstes Gesetz über Lokal-, Zweig- und Verbindungsbahnen, sein zweites im Jahre 1900 für Haupt-, Neben- und Kleinbahnen. In Bayern wurden die sogenannten „Vizinalbahnen" schon im Eisenbahngesetz vom 29. April 1869 behandelt, ein besonderes „Lokalbahngesetz" wurde aber erst unter dem 21. April 1884 erlassen. In Hessen erhielten die Lokalbahnen unter der Bezeichnung „Nebenbahnen" durch Gesetz vom 29. Mai 1884 ihre erste Regelung. In Sachsen wurde unter dem 26. Juni 1851 eine Bahnordnung erlassen, die auch für Kleinbahnen und Straßenbahnen galt. Im Jahre 1913 wurde ein Entwurf für ein besonderes Kleinbahngesetz aufgestellt. In Mecklenburg-Schwerin wurde unter dem 10. Mai 1898 eine Verordnung über Herstellung und Betrieb von Kleinbahnen erlassen.

Den ersten Verordnungen und Gesetzen folgten aber in fast allen

---

[1]) »Der Beaufsichtigung seitens des Reichs und der Gesetzgebung desselben unterliegen die nachstehenden Angelegenheiten 1) . . . über den Gewerbebetrieb 8) das Eisenbahnwesen.« Artikel 4 der Verfassung des Deutschen Reichs vom 16. April 1871.

[2]) Die Kleinbahnen im neuen Deutschland, Blum, Verkehrstechnische Woche vom 21. November 1919 (Heft 35).

Bundesstaaten von Zeit zu Zeit immer wieder neue gesetzliche Maßnahmen, so daß heute das Gebiet der Kleinbahngesetzgebung in Deutschland vollkommen unübersichtlich ist.

Im Gegensatz zu Belgien, das in den Jahren 1884 und 1885 vorbildliche einheitliche Kleinbahngesetze geschaffen hat, entbehrt bis heute das Deutsche Reich einer einheitlichen gesetzlichen Regelung des Kleinbahnwesens.

c) Weitgehende Rechte der Wegeunterhaltungspflichtigen.

Eine außerordentliche Belastung der Finanzwirtschaft der deutschen Kleinbahnen insbesondere der Straßenbahnen und eine bedeutende Einschränkung ihrer Handlungsfreiheit bedeutete schon zu Vorkriegszeiten die monopolartige Rechtsstellung der Wegeunterhaltungspflichtigen diesen Bahnen gegenüber[1]). Durch § 6 des preußischen Kleinbahngesetzes wird für Preußen und durch ähnlich lautende Gesetze und Verordnungen in den übrigen deutschen Bundesstaaten bestimmt, daß der Unternehmer vor Erteilung der Konzession, soweit ein öffentlicher Weg benutzt werden soll, die Zustimmung der aus Gründen des öffentlichen Rechtes zur Unterhaltung des Weges Verpflichteten beizubringen hat.

„Der Unternehmer ist mangels anderweitiger Vereinbarung zur Unterhaltung und Wiederherstellung des benutzten Wegeteils verpflichtet und hat für diese Verpflichtung Sicherheit zu bestellen." (Der Sicherstellung bedarf es nicht, wenn das Reich, der Staat oder ein Kommunalverband Unternehmer ist § 12 K. G.)

Die Unterhaltungspflichtigen können für die Benutzung des Weges ein angemessenes Entgelt beanspruchen, ingleichen sich den Erwerb der Bahn im ganzen nach Ablauf einer bestimmten Frist gegen anmessene Schadloshaltung des Unternehmers vorbehalten."

Diese Bestimmungen wurden nun und werden noch bis heute von den Wegeunterhaltungspflichtigen zur Ausschlachtung ihrer Machtstellung in weitgehendem Maße benutzt.

Auch auf dem Gebiete der Verträge zwischen Kleinbahnunternehmern und Wegeunterhaltungspflichtigen herrscht keine Einheitlichkeit, sondern eine außerordentliche Mannigfaltigkeit. Kaum in dem kleinsten Verkehrsbezirk einer Kleinbahn sind einheitliche Abmachungen zu finden.

Öfter wiederkehrende Bedingungen der Wegeunterhaltungspflichtigen sind z. B.

1. Zahlung einer einmaligen Entschädigungssumme für die zu benutzende Wegestrecke (z. B. in Höhe der gesamten ehemaligen Baukosten der Strecke).
2. Jährliches Entgeld für die Wegebenutzung.

---

[1]) Trautvetter, K. Die Auflagen der Wegeunterhaltungspflichtigen beim Neubau von Straßenbahnen, insbesondere Überlandstraßenbahnen und der § 6 des Kleinbahngesetzes. Elektrische Kraftbetriebe und Bahnen, Jahrg. XVII, Heft 13 (1919).

a) in einer festen Summe, unabhängig von den finanziellen Ergebnissen des Unternehmens, nach Maßgabe der benutzten Wegelänge oder der jährlich gefahrenen Wagenkilometer,
b) von der Bruttoeinnahme des Unternehmens,
c) vom Reingewinn (meistens von dem 5 oder 6 v. H. übersteigenden Teil des Reingewinns).

3. Zinsgarantie des Betriebsunternehmers dem Wegeunterhaltungspflichtigen gegenüber, wenn er Eigentümer des Unternehmens ist.
4. Mitbestimmungsrechte des Wegeunterhaltungspflichtigen beim Bau (Lage der Haltestellen, späterer Ausbau des Bahnnetzes) und Betrieb, Fahrplan und Tarif.
5. Unentgeldliche Betriebsleistungen für den Wegeunterhaltungspflichtigen oder sein Personal.
6. Heimfallrecht. Das Unternehmen fällt entweder nach Ablauf der Konzession oder einer bestimmten Frist kosten- und lastenfrei oder zu einem festen Preis oder zu einem Taxpreis an den Wegeunterhaltungspflichtigen,

Auch die Länder haben sich meistens für gewisse Fälle gesetzlich das Erwerbsrecht vorbehalten (Vergleiche § 30 des preußischen Kleinbahngesetzes). Sie müssen dieses Recht dem Reich auf sein Verlangen abtreten. (§ 14 des Staatsvertrages über den Übergang der Staatseisenbahnen auf das Reich. Vom 30. April 1920.)

d) Schwache Grundlagen vieler Unternehmungen.

Gesetzliche Vorschriften, wie die des § 5 des preußischen Kleinbahngesetzes, nach denen die Genehmigung zum Bau einer Bahn erst erteilt werden konnte, wenn die technischen und finanziellen Unterlagen behördlich geprüft waren, konnten doch nicht verhindern, daß viele Privat- und Kleinbahnen entstanden, die von Anfang an kaum lebensfähig waren.

Das Drängen vieler Interressenten nach neuen Verkehrsverbindungen, der Wettbewerb benachbarter Gemeinden oder Kreise, das Geschäftsinteresse von Baugesellschaften, der Ehrgeiz von kommunalen Baubeamten und manche anderen Beweggründe haben manches Unternehmen ins Leben gerufen, für das eine Rentabilität nur auf dem Papier zu errechnen war, indem man nur die allernotdürftigsten, billigsten Bauanlagen und Betriebsausrüstungen vorsah.

Oberbau und Betriebsmittel wurden zu schwach ausgeführt, Anzahl und Fassungsvermögen der Wagan waren von Anfang an ungenügend, es fehlte an Reserveteilen und leistungsfähigen Reparaturanlagen. Linienführung, Haltestellen und Tarife u. a. richteten sich häufig nicht nach den Verkehrsbedingungen, sondern nach den Wünschen einflußreicher Persönlichkeiten. Die finanziellen Grundlagen waren oft ebenfalls recht unzuverlässig.

Der Entwurf vieler Kleinbahnen erfolgte, da man diese Bahnart als besonders einfach in der Anlage und leicht in der Herstellung hielt, ohne Zuziehung wirklicher Sachverständiger, die Ausführung unter nicht genügend ausgebildeten Beamten.

Dies sind wesentliche Gründe dafür, daß viele Unternehmungen, die schon zu Friedenszeiten außerordentliche Unterhaltungs- und Erneuerungskosten aufwenden mußten, bei Ausbruch des Krieges sofort zusammenbrachen.

e) Wachsende Ansprüche des Verkehrs.

Ein Verkehrsunternehmen, das nicht ständigen Rückgang seiner Einnahmen gewärtigen will, erfordert ständige Verbesserungen und Vervollkommnung.

Das Liniennetz muß ausgebaut, neue Verkehrsgebiete müssen erschlossen werden, dem Bevölkerungszuwachs muß Rechnung getragen werden, die Fortschritte der Technik müssen in Bau und Betrieb verwertet werden. Die Bahnanlagen müssen auf der Höhe der Leistungsfähigkeit durch Ausbau und Verbesserung gehalten werden (neue Gleisanlagen, Bahnhofsanlagen, Signaleinrichtungen, Sicherungsanlagen, Aufenthaltsräume), die Betriebsmittel müssen den Anforderungen der Fahrgäste angepaßt werden (ruhiger Gang, sauberes Aussehen, bequeme Einrichtungen), mit ständiger Vermehrung des Verkehrsangebots und der Reisegeschwindigkeit mußte oft eine Ermäßigung der Tarife verbunden werden. Mit den steigenden Ansprüchen der Fahrgäste und wachsendem Verkehrsandrang wuchs, besonders in Großstädten, die durchaus nicht unbedeutende Erscheinung von Fahrgeldhinterziehungen.

Eine Forderung der Neuzeit war, daß die Verkehrsunternehmungen in ihren Maßnahmen nicht den dringendsten Anforderungen des Verkehrs allmählich folgten, sondern ihnen vorausgingen; insbesondere für städtische Vorort- und Überlandbahnen hatte sich die Forderung durchgesetzt: Die Bahnen gehen nicht dem Bebauungsplan und der Siedlung nach, sondern ihnen voraus.

Die Kleinbahn-Verkehrspolitik erforderte ein hohes Maß von Kenntnissen und Fähigkeiten, denen viele Unternehmungen nicht gewachsen waren.

f) Unwirtschaftliche Betriebsführung.

Die Betriebsführung vieler nebenbahnähnlichen Kleinbahnen konnte schon zu Vorkriegszeiten ihrem ganzen Wesen nach keinen hohen Ansprüchen an Wirtschaftlichkeit genügen.

Das lag einmal an der schon geschilderten Zersplitterung in ihrer Anlage und ihrem Betrieb, die keine einheitliche Beschaffung von Bau- und Betriebsmaterialien ermöglichte, an der unrentablen Verbrennung von Steinkohlen zur Zugförderung und an der meistens ungenügenden Ausnutzung der Kleinbahn während der längsten Zeit des Jahres und der zeitweisen Überlastung, z. B. im Herbst während der Erntezeit. Trotzdem zeigen sie gegenüber den Staatsbahnen in ihren relativen Ausgaben für den Betrieb durchschnittlich keine ungünstigen Zahlen.

Die ungenügende Wirtschaftlichkeit des Straßenbahnbetriebes hat schon vor dem Weltkriege zahlreiche Untersuchungen und Vorschläge zu ihrer Verbesserung gezeitigt.

Die hauptsächlichsten Ausgaben elektrischer Straßenbahnen bestehen in Personal-, Material- und Stromkosten.

Die Personalkosten zeigen bei den verschiedenen Unternehmungen außerordentliche Schwankungen. Es wurden im Jahre 1910 beschäftigt zwischen 5,7 und 20 Bedienstete (Beamte und Arbeiter) auf je 10000 gefahrene Wagenkilometer[1]) (Berlin 10,5). Die Verschiedenheit ist vor allem begründet in der verschiedenen Benutzung von Anhängewagen, die nur einen Schaffner und keinen Führer erfordern, dann in der Verschiedenheit der Werkstättenanlagen und der Unterhaltung und Ausbesserung der Betriebsmittel und der Bahnanlagen.

An Materialkosten versuchten schon viele Straßenbahnverwaltungen durch gemeinsamen Einkauf zu sparen, der Erfolg war aber wegen der erwähnten großen Abweichungen in den Bauverhältnissen nicht durchgreifend.

Ersparnisse in den Stromkosten suchte man durch Abflachung der Verkehrsspitzen, durch schärfere Auswahl und bessere Ausbildung der Führer und durch Einführung von Prämiensystemen zu erzielen.

Die Bemühungen in dieser Richtung haben durch den Weltkrieg und seine Folgen neuen Anstoß bekommen. Sie haben in einzelnen Betrieben schon relativen Erfolg gehabt. Bedeutendere Ersparnisse wären zu erzielen durch den Zusammenschluß von Bahnunternehmungen und Stromlieferanten.

g) Konkurrenz anderer Verkehrsunternehmungen.

Die Ansprüche an die Leistungsfähigkeit der Privat- und Kleinbahnen werden noch wesentlich gesteigert durch den Wettbewerb anderer Verkehrsunternehmungen, nämlich der Staatsbahnen und der Kraftwagenunternehmungen. (Schnellbahnen zählen meistens zu den Kleinbahnen; wo sie als „Nebenbahnen" angelegt sind, bedeuten sie in der Regel eine sehr starke Konkurrenz für alle anderen städtischen Verkehrsmittel.)

Der Wettbewerbsgesichtspunkt macht sich zwischen Staatsbahn einerseits und Privatbahnen und Kleinbahnen andererseits schon geltend im Genehmigungsverfahren. Im Widerspruch zum Zwecke des preußischen Kleinbahngesetzes, den Bau von Kleinbahnen zu fördern, hat sich in der Praxis oft eine Erschwerung der Genehmigung neuer Kleinbahnen ergeben, wenn die Staatsbahnverwaltung einen Wettbewerb befürchtete. Es wurden dann bisweilen Linienänderungen der Kleinbahn verlangt, die ihre Rentabilität ungünstig beeinflußten. Ein großer Nachteil des preußischen Kleinbahngesetzes besteht in der Bestimmung der Mitwirkung der konkurrierenden Eisenbahnbehörde bei der Genehmigung (§ 3).

---

[1]) Der Personalaufwand der elektrischen Bahnen. Artur Ertel, Elektrische Kraftbetriebe und Bahnen 1912, Heft 25, S. 523.

Im Betrieb zeigt sich der Wettbewerb der Staatsbahn in ihren niedrigeren Tarifen. Besonders auffällig sind die Wirkungen der Tarife staatlicher Vorortbahnen in Großstädten auf die übrigen großstädtischen Verkehrsmittel. Die staatlichen Stadt-, Ring- und Vorortbahnen in Berlin deckten schon vor dem Weltkriege ihre Selbstkosten nicht[1]), in und nach dem Weltkrieg folgten die Tarifsteigerungen der staatlichen Linien nur teilweise und mit großer Verspätung der zunehmenden Teuerung. Die Folge war eine große Verkehrszunahme auf der Staatsbahn auf Kosten aller Steuerzahler und eine Abwanderung der Fahrgäste von den Kleinbahnen.

In Hamburg ergaben Erhebungen von Sachverständigen des „Hochbahnprüfungsausschusses" im Jahre 1920, daß nur mit Rücksicht auf niedrigere Fahrpreise mindestens 3,6 Millionen Personen von der Hochbahn und 14,4 Millionen Personen von der Straßenbahn auf die staatliche Stadt- und Vorortbahn übergegangen sind[2]).

Ein noch schärferer Wettbewerb als durch Staatsbahnen entsteht den Privatbahnen und Kleinbahnen vielerorts durch Kraftwagen, und zwar sowohl durch Lastkraftwagen, die den Überland-Kleinbahnen Güterverkehr entziehen, als auch durch Personenkraftwagen, die einen starken Wettbewerb für die Personenbeförderung der Kleinbahnen und der großstädtischen Bahnen bilden.

Die Reichspostverwaltung betrieb am 1. Oktober 1920 den Personenverkehr auf 260 Überlandlinien von insgesamt 5800 km Länge. Es verkehrten 380 Personenwagen, ihre Anzahl wird ständig vermehrt und das Überlandnetz immer weiter ausgebaut[3]).

Neben diesen staatlichen Unternehmungen bestehen zur Zeit in Deutschland noch eine Anzahl privater Kraftwagenunternehmungen und 16 Kraftverkehrsgesellschaften, die sich zu einem „Verbande der Kraftverkehrsgesellschaften Deutschlands" zusammengeschlossen haben. Der Wagenbestand dieses Verbandes betrug am 1. Oktober 1920 2871 Lastkraftwagen, 37 Zugmaschinen, 1079 Anhänger, 187 Personenkraftwagen, 125 Krafträder. Hierzu kommt ein Bestand von Personenkraftomnibussen von über 150, der am Ende des Jahres 1920 auf etwa 600 gebracht werden sollte. Die Gesellschaften sind lediglich mit öffentlichen Mitteln gegründet. Hierbei ist das Reich mit etwa $7^3/_4$ Millionen Mark Geschäftsanteilen und etwa 63 Millionen Mark Darlehen, also mit zusammen rund 70 Millionen Mark beteiligt, während die übrigen öffentlichen Körperschaften (Staaten, Provinzen, Kreise) zusammen ein Betriebskapital von etwa 18 Millionen Mark beigetragen haben[4]).

Im großstädtischen Verkehr entzogen vor dem Weltkrieg die Omnibusbetriebe den übrigen Verkehrsmitteln erhebliche Einnahmen.

---

[1]) Denkschrift zur Elektrisierung der Berliner Stadt-, Ring-, und Vorortbahnen, Drucksache Nr. 239 B des Hauses der preußischen Abgeordneten 1912, S. 62.

[2]) Bericht des Hochbahnprüfungsausschusses Hamburg.

[3]) Denkschrift des Reichspostministeriums.

[4]) Die deutschen Kraftverkehrsgesellschaften, Verkehrstechnik, 30. Heft, 1920, S. 427.

Im Jahre 1913 wurden in Berlin durch Omnibusse befördert 168 Millionen Personen, durch Hoch- und Untergrundbahnen 71,5 Millionen, durch Straßenbahnen 466,3 Millionen [1]). Eine Wiederkehr dieser Verhältnisse steht zu erwarten mit der Verbilligung der Brennstoffe und der Betriebsmittel.

Die Kraftwagenunternehmungen genießen in Deutschland gegenüber Privat- und Kleinbahnen außerordentliche Begünstigungen durch die weitgehende Unterstützung aus öffentlichen Mitteln, durch ihre Abgabefreiheit und ihre Tariffreiheit. Die Verordnung betreffend den Kraftfahrzeug- und Motorbootverkehr vom 1. Februar 1921 (Reichs-Gesetzblatt 1921 S. 150) erscheint nicht geeignet den Wettbewerb der Kraftwagen wesentlich zu verringern, sie begünstigt nur die Reichspostlinien [2]).

In der Schweiz dagegen werden sie heftig bekämpft. Graubünden ist ein besonders hartnäckiger Gegner der Kraftwagen, und alle Bemühungen, auch nur Lastkraftwagen auf den breiteren Talstraßen zu dulden, wurden in den Volksabstimmungen unnachsichtlich abgewiesen. Ein noch erbitterterer Feind des Kraftwagens ist der Verband schweizer Nebenbahnen. Diese beklagen sich nicht ohne Grund, daß ihnen besonders aus dem Lastwagenbetrieb eine furchtbare Konkurrenz erwachsen ist, welcher sie je länger, je weniger standhalten können, falls nicht bald eine bessere Verteilung der Finanzlasten unter den beiden Verkehrsmitteln stattfindet. Die Abgaben für Kraftwagen sind, trotz teilweiser Erhöhungen z. B. in Aargau lächerlich niedrig und stehen in keinem Verhältnis zu den Mehrkosten, den der Unterhalt der Straßen beansprucht [3]).

In England ist ein neues Gesetz in Vorbereitung, das eine erhöhte Besteuerung der Kraftwagen vorsieht. Man will eine neue Geldquelle schaffen, um die Hauptverkehrsstraßen in gutem Zustand zu halten und will lediglich die Besitzer der Kraftwagen zur Besteuerung heranziehen, mit der Begründung, daß sie die größten Anforderungen an die Beschaffenheit der Straßen stellen und vom sozialen Standpunkt aus am ehesten die Mittel für ihre Instandhaltung aufbringen können [4]).

---

[1]) Der Omnibusbetrieb in Berlin. Von Robert Kaufmann, Verkehrstechnik. 8. Heft, 1920, S. 105.

[2]) § 1. Die Verordnung betreffend Zulassung von Kraftfahrzeugen zum Verkehr auf öffentlichen Wegen und Plätzen vom 25. Februar 1915 (Reichs-Gesetzblatt S. 113) wird durch nachstehende Bestimmung ersetzt:

Die Zulassung von Personenkraftwagen mit Betrieb durch Verbrennungsmaschinen zum Verkehr auf öffentlichen Wegen und Plätzen darf nur erfolgen, wenn für die Zulassung ein öffentliches Bedürfnis besteht oder sie das Wirtschaftsleben zu fördern geeignet ist. Ein öffentliches Bedürfnis ist insbesondere anzuerkennen für die Zulassung von Kraftomnibussen, ferner für Kraftwagen im Dienste einer Behörde, namentlich der bei dem Deutschen Reiche oder einzelnen Ländern beglaubigten Vertretern anderer Staaten, der Reichspost und der Reichswehr.

[3]) Nebenbahnen und Kraftwagenbetrieb in der Schweiz. Verkehrstechnik, 8. Heft, 1920, S. 105.

[4]) Straßensteuern für Kraftwagen. Deutsche Allgemeine Zeitung, Beilage „Der Weltverkehr“ Nr. 2, vom 11. Januar 1921.

2. Der Mangel an Personal, Bau- und Betriebsstoffen während des Krieges.

Mit Kriegsausbruch wurden über 50 vom Hundert aller Kleinbahnbediensteten zum Heeresdienst einberufen. Ersatz wurde geschaffen durch nicht eingezogene Arbeitslose und, vorzugsweise im Schaffnerdienst, durch Frauen. Naturgemäß konnte der Ersatz nicht dasselbe leisten, wie die alten Kräfte, insbesondere nicht im Werkstätten- und Fahrdienst und vor allem in der Untersuchung und Instandhaltung elektrischer Anlagen. Die Ausbildung konnte nur lückenhaft erfolgen, da auch das Lehrpersonal zum großen Teil eingezogen war. Selbst der ausgebildete Ersatz wurde häufig noch im Laufe des Krieges zum Heeresdienst herangezogen. Die Folge war ordnungswidrige Behandlung der Betriebsmittel, Vernachlässigung aller Unterhaltungsarbeiten, minderwertige Ausführung der Instandsetzungsarbeiten, Verlangsamung des Betriebes, Zunahme der Verkehrsstörungen und Vermehrung der Betriebskosten. Verschärft wurde dieser Zustand durch den Mangel an geeigneten Bau- und Betriebsstoffen. Die wichtigsten Rohstoffe wie Kupfer, Aluminium, Eisen, Kautschuk, Baumwolle, Seide, Glimmer, Öl usw. wurden beschlagnahmt. Ersatzstoffe waren nur in geringen Mengen erhältlich und oft ungeeignet und betriebsgefährlich. Viele Versuche wurden z. B. mit Ersatzschleifstücken für die Stromabnehmer aus Zink, Kohle, Elektrometall u. a. und mit Kontaktrollen aus Gußeisen und Leichtmetall gemacht, die nur zum geringen Teil von wirklichem Erfolg begleitet waren. Als Lagermetall wurden minderwertige Stoffe verwendet, um an Zinn und Antimon zu sparen. Die Folgen waren rasches Auslaufen der Lager und die gefürchteten Kernschliffe der Anker. Kupferne Oberleitungen mußten zum großen Teil ausgebaut und durch eiserne Fahrleitungen ersetzt werden, die den Spannungsabfall erhöhten und die Wirtschaftlichkeit der Anlage verminderten. Nebenbahnähnliche Kleinbahnen und Privatbahnen mit Dampflokomotivbetrieb hatten hauptsächlich Schwierigkeiten mit dem Ersatz des Kupfers in Feuerbuchsen und Stehbolzen der Lokomotivkessel durch Eisen. Die Lokomotiven erlitten an den eisernen Feuerbuchsen häufig schwere Schäden, verursachten große Betriebsstockungen und belasteten die Werkstätten. Die staatliche Zwangswirtschaft, insbesondere in der Kohlen- und in der Stromversorgung, griff stark verkehrshemmend in die Betriebe ein.

Im Jahre 1917 wurde die gesamte deutsche Kohlenwirtschaft in der Hand des Reichskohlenkommissars zentralisiert. Die Kohlenversorgung der Dampfkleinbahnen wurde im Laufe des Krieges immer schlechter und blieb noch weit hinter der Versorgung der Staatsbahnen zurück. Die Kleinbahnen wurden nicht in gebührendem Maße als lebenswichtige Betriebe anerkannt, trotzdem die ländlichen Kleinbahnen als Zubringer der Lebensmittel vom flachen Land nach den Städten und die städtischen Bahnen als Verteiler von hervorragender Bedeutung für die Ernährung der Bevölkerung, für die Versorgung der Truppen, für die Industrie und die ganze Volkswirtschaft waren.

Die Betriebseinschränkungen der Staatsbahnen erhöhten noch die Schwierigkeiten im Kleinbahnverkehr infolge Stockung von Zufuhr und Abfuhr von Gütern und eigenen Betriebsstoffen, Gestellung von Wagen usw.

Durch geringere Düngemitteltransporte für die Landwirtschaft erlitten die ländlichen Kleinbahnen erhebliche Ausfälle an Betriebseinnahmen, auf behördliche Anordnung mußte die Anzahl der Züge eingeschränkt werden, infolge ungenügender Kohlenmengen und schlechter Kohlensorten arbeiteten die Elektrizitätswerke, die die elektrischen Straßenbahnen und Überlandbahnen mit elektrischem Strom versorgten, unrentabel und mußten zum Teil zeitweise ihren Betrieb ganz einstellen.

Durch behördliche Verordnungen wurde der Verbrauch elektrischen Stromes für Beleuchtung und Kraft noch weiter beschränkt, ohne daß genügend Rücksicht auf die Verkehrsbetriebe genommen wurde. Die Einführung der Sommerzeit und früherer Polizeistunden in den Städten führte zu weiteren Betriebseinschränkungen bei städtischen Bahnen.

Die Bahnbetriebe hatten schon im eigenen Interesse gleich zu Anfang des Krieges Sparmaßnahmen getroffen durch Erweiterung der Haltestellenabstände, durch Erweiterung der Wagenabstände und durch vermehrte Einstellung von Anhängewagen. Die behördliche Zwangswirtschaft brachte darüber hinaus Einschränkungen in fast unerträglichem Maße.

3. Der Niedergang unserer Wirtschaft.

a) Steigen aller Ausgaben, Geldentwertung und Inflation.

Mit dem Ausbruch des Weltkrieges begann ein langsames Steigen aller Preise. Die Verkehrsunternehmungen konnten in den ersten Kriegsjahren durch Sparmaßnahmen, Betriebseinschränkungen, bessere Ausnutzung der Verkehrsmittel und durch geringe Erhöhungen der Tarife die Mehrausgaben noch decken [1]).

Mit dem Ausbruch der Revolution wurde das anders. Alle Preise stiegen so mächtig, daß kein Verkehrsunternehmen, weder Staatsbahnen noch Privatbahnen, ihnen mit Tariferhöhungen entsprechend folgen konnte, sie alle gerieten in große Not [2]).

In der folgenden Tabelle werden die durchschnittlichen Steigerungen der hauptsächlichen Ausgaben deutscher elektrischer Bahnen in rohen Durchschnittszahlen aufgeführt.

Die meisten Bau- und Betriebsmaterialien erreichten ihren höchsten Preisstand im April/Mai 1920. Die Preise stiegen zum Teil bis auf das 40fache der Vorkriegspreise. Am 1. Mai 1920 betrug z. B. der Schienenpreis fast das 29fache des Durchschnittspreises von 1913. Elektrolytkupfer kostete am 1. Juli 1919 das 3fache, am 5. Dezember

[1]) Winkler, Die wirtschaftlichen Erschütterungen der deutschen Straßenbahnen. Zeitschrift für Kleinbahnen 1920, Heft 7, S. 225 ff.

[2]) Helm, Die wirtschaftliche Lage der Straßenbahnen. Verkehrstechnik 1920, Heft 3, S. 33 ff.

Es stiegen	bis Ende des Jahres 1914	1915	1916	1917	1918	1919	1920
	auf das . . . fache von 1913						
Lebensmittel	1	$1\frac{1}{2}$	$2\frac{1}{10}$	$2\frac{1}{5}$	$2\frac{1}{2}$	$4\frac{1}{2}$	$14\frac{3}{5}$[1]
Löhne	—	$1\frac{1}{8}$	$1\frac{1}{4}$	$1\frac{3}{4}$	$5\frac{1}{2}$	$5\frac{3}{4}$	$8\frac{1}{2}$
Kohle	$1\frac{1}{8}$	$1\frac{1}{4}$	2	$2\frac{1}{4}$	$3\frac{1}{4}$	$8\frac{1}{2}$	$13\frac{1}{2}$
Schienen	—	—	—	$1\frac{3}{4}$	$2\frac{1}{4}$	$14\frac{1}{5}$	25
Strom	$1\frac{1}{8}$	$1\frac{1}{4}$	$1\frac{3}{4}$	$2\frac{1}{2}$	$3\frac{3}{4}$	$9\frac{1}{2}$	10
Kupfer	—	3	3	3	3	16	15
Motorwagen	$1\frac{1}{4}$	$1\frac{3}{4}$	$3\frac{1}{8}$	4	$4\frac{1}{2}$	$12\frac{1}{2}$	14
Elektrische Ausrüstungen	$1\frac{1}{10}$	$1\frac{2}{5}$	2	$3\frac{3}{4}$	$4\frac{1}{5}$	$9\frac{1}{2}$	20
Gesamtausgaben (Löhne, Betriebsmittel, bauliche Anlagen, Strom)	$1\frac{1}{8}$	$1\frac{1}{4}$	$1\frac{9}{10}$	$2\frac{1}{2}$	$4\frac{9}{10}$	$9\frac{1}{4}$	$11\frac{1}{2}$

1919 das 14fache, am 10. Februar 1920 das 32fache, am 28. Mai 1920 das 11fache, am 10. November 1920 das 21fache.

Die Kosten für Lebensmittel und Bekleidung stiegen noch im Anfang des Jahres 1921, dann begann auch in Deutschland ein langsamer Abbau dieser Preise, der in Nordamerika schon im September 1920 begonnen hatte, jedoch wegen des Tiefstandes unserer Valuta und des zerrütteten Wirtschaftslebens nicht annähernd in demselben Grade als im Ausland.

Bei den Reichseisenbahnen waren im Anfang des Jahres 1920 die Betriebskosten für 1 Güterzugkilometer auf das 12fache, für 1 Personenzugkilometer auf das 14fache des Vorkriegssatzes gestiegen[2]).

Zu den alten Ausgabeposten kamen während der Kriegszeit erhöhte soziale Lasten, ferner die Verkehrssteuer gemäß Gesetz über die Besteuerung des Personen- und Güterverkehrs vom 8. April 1917 und die Kohlensteuer gemäß Kohlensteuergesetz vom 8. April 1917.

Nach einer Zusammenstellung des Vereins Deutscher Straßenbahnen, Kleinbahnen und Privateisenbahnen über die Kriegsfürsorgebetätigung der deutschen Straßenbahnen haben diese schon in den beiden ersten Kriegsjahren über 59 Millionen Mark für Kriegsunterstützungen, Teuerungszulagen, Liebesgaben, Zuschüsse für Lebensmittel, Freifahrten oder Vorzugsfahrten aufgebracht[3]). Infolge der langen Kriegsdauer, des Todes vieler Angestellten, Wiedereinstellung der Rückkehrer ohne genügende Beschäftigung, Steigen der wirtschaftlichen Notlage u. a. mehr stiegen die sozialen Lasten noch ganz außerordentlich. Für die Berliner Straßenbahnen wurden die sozialen Vergünstigungen der Angestellten von dem Generaldirektor Dr. Wussow im Anfang des Jahres 1921 auf 30 bis 40 Millionen Mark jährlich geschätzt.

---

[1]) Die meisten Sätze beruhen auf Angaben des „Vereins Deutscher Straßenbahnen, Kleinbahnen und Privatbahnen". Die Sätze für Lebensmittel sind berechnet nach dem Index von Calwer.

[2]) v. Ritter, Rückblick auf das Jahr 1920, Zeitung des Vereins Deutscher Eisenbahnverwaltungen, LXI. Jahrg., Nr. 1, S. 5.

[3]) Kriegsfürsorgeleistungen der deutschen Straßenbahnen. Zeitschrift für Kleinbahnen, Juli 1917, S. 515.

Die Verkehrssteuer beträgt nach § 11 des Gesetzes 6 v. H. des Beförderungspreises. (Sie wurde für die Hamburger Straßenbahnen für das Jahr 1920 von Sachverständigen auf 6,3 Millionen Mark geschätzt.) Anfangs wurde sie im Sinne des Gesetzes auf die Fahrgäste abgewälzt, dies war jedoch nach außerordentlicher Steigerung der Tarife nicht mehr möglich.

Die Kohlensteuer traf nicht nur die Dampfkleinbahnen direkt, sondern auch die elektrischen Straßenbahnen mittelbar durch die Erhöhung der Strompreise und das gesamte Wirtschaftsleben durch Verteuerung aller Produkte.

Forscht man nach den Ursachen der außerordentlichen Steigerung aller Preise, so gelangt man letzten Endes zur Frage der Geldentwertung und der Inflation.

Das Steigen der Preise während des Krieges ist zum Teil begründet in Veränderungen der Warenverhältnisse. Das Verhältnis zwischen Angebot und Nachfrage machte während des Krieges bei vielen Waren eine förmliche Revolution durch. Das Angebot ging durch Abschneiden der Einfuhr außerordentlich zurück, der Ausfall mußte durch die ausländische Produktion gedeckt werden. Dabei erlitt diese durch Rohstoff- und Arbeitermangel selbst einen empfindlichen Rückgang. Durch diese Umstände allein ist aber die Preisentwicklung nicht zu erklären. Sie ist vielmehr hauptsächlich begründet in der Entwertung des Goldes. Aus den kriegführenden Ländern floß das Gold zum großen Teil nach den neutralen Ländern, Amerika und Japan ab. An die Stelle der früheren mehr gleichmäßigen Verteilung des Goldes trat eine sehr ungleichmäßige. Die neutralen Länder konnten für ihre Warenlieferungen als Gegenwert nicht wieder Waren erhalten, wie sie gern wünschten, sondern mußten sich immer mehr mit Goldbezügen begnügen. Das Geld verlor seine Kaufkraft, infolgedessen stiegen auch in neutralen Ländern die Preise aller Waren und die Arbeitslöhne. In den kriegführenden Ländern, insbesondere in Deutschland, aber war die Hauptursache der Preissteigerungen die Inflation. Im August 1914 wurden die Notenbanken von der Verpflichtung zur Einlösung ihrer Banknoten in Goldgeld befreit und allmählich auch die Begrenzung des Notenumlaufs aufgehoben. Damit war eine starke Ausdehnung der Kreditgewährung mit entsprechender Vermehrung der Zahlungsmittelmengen ermöglicht. In dem Anschwellen des Zahlungsmittelumlaufs (Geldzirkulation) ist die Hauptursache der Preissteigerungen in Deutschland zu erblicken. Das Geld läßt sich seinem wirtschaftlichen Wesen nach als eine Anweisung auf den Gütervorrat der Volkswirtschaft auffassen. Es liegt daher auf der Hand, daß die Warenpreise fortgesetzt steigen müssen, wenn die Summe der Anweisungen auf den Gütervorrat fortgesetzt vermehrt wird, während er selbst in seiner Größe keine Zunahme erfährt, sondern zurückgeht[1]).

---

[1]) Pohle, Professor Dr., Geldentwertung, Valutafrage und Währungsreform. Leipzig 1920.

b) Sinken der Leistungen.

Der Niedergang des deutschen Wirtschaftslebens hätte trotz Inflation nicht solch erschreckenden Umfang annehmen können, wie er an den Tiefstand der deutschen Valuta, unserer passiven Handelsbilanz und der finanziellen Notlage der Verkehrsunternehmungen zu erkennen ist, wenn nicht noch andere Ursachen mitgewirkt hätten.

In allen Zweigen der Wirtschaft zeigt sich ein starker Rückgang der Produktivität. Er ist veranlaßt durch übermäßige Abnutzung und Ermüdung der Betriebseinrichtungen und Menschen, soziale und politische Umwälzungen.

Durch die Kriegswirtschaft wurden nicht nur die Verkehrseinrichtungen heruntergewirtschaftet, sondern auch die Leistungsfähigkeit des Personals beeinträchtigt. Erklärlich ist dadurch ein Nachlassen der Verkehrsleistungen. Weit stärker aber wirkten andere Umstände.

Zunächst die Vermehrung des Personals. Mit Beendigung des Krieges kehrte fast das gesamte alte Personal in die Betriebe zurück und mußte nach den Demobilmachungsvorschriften wiedereingestellt werden. Das inzwischen ausgebildete Personal durfte (mit Ausnahme der weiblichen Arbeitskräfte) in den folgenden Jahren nicht ohne weiteres entlassen werden. Aus abgetretenen Gebieten kommendes Personal mußte ebenfalls untergebracht werden. Eine umfangreiche Vermehrung aller Arbeitskräfte bedingte die Einführung des 8 Stunden-Arbeitstages[1]. Er brachte für die Reichseisenbahnen eine Vermehrung des Personalbestandes von 13,2 Köpfen je km Betriebslänge im Jahre 1913 auf 19,6 Köpfe im Jahre 1920, die Betriebsleistungen fielen dabei bis auf 50 v. H. derjenigen der Vorkriegszeit[2].

Der Personalbestand bei nebenbahnähnlichen Kleinbahnen wuchs um 20 bis 50 v. H. bei gleichzeitigem Fallen der Betriebsleistungen um 10 bis 60 v. H.[3]

Bei städtischen Straßenbahnen stieg der Personalbestand um 25 bis 40 v. H.; die Betriebsleistungen sanken im allgemeinen nicht so stark wie bei anderen Bahnen wegen der örtlichen Zusammenfassung der Unternehmen und der schärferen Aufsicht[4]. In der Unterhaltung der Triebwagen wurden aber z. B. 60 v. H. mehr Arbeiter gebraucht, die Hälfte des Mehraufwandes ist auf Rechnung der Verringerung der Arbeitsleistung zu setzen[5].

Die Vermehrung des Personals und das Nachlassen der Leistungen

---

[1]) Verordnung der deutschen Regierung vom 23. November 1918 (für gewerbliche Arbeiter) und vom 18. März 1919 (für Angestellte des Verkehrsgewerbes).

[2]) Mitteilungen des Reichsverkehrsministers Groener im Hauptausschuß des Reichstages am 28. Februar 1921.

[3]) Aus Eingaben verschiedener Kleinbahnverwaltungen an das Reichsverkehrsministerium.

[4]) Grosch, Eisenbahnen und Kleinbahnen im Jahre 1919. Deutsche Straßen- und Kleinbahnzeitung 1920, Nr. 2, S. 17.

[5]) Mitteilungen des Vereins deutscher Straßenbahnen, Kleinbahnen und Privateisenbahnen, Verkehrstechnik 1920, 24. Heft, S. 343.

ist weiter begründet in den schweren sozialen und politischen Kämpfen, die seit dem 9. November 1918 fortgesetzt unser Wirtschaftsleben in Mitleidenschaft ziehen. Sie waren stets verbunden mit längeren oder kürzeren Arbeitseinstellungen.

In Berlin fanden z. B. vom 1. Januar 1919 bis 23. Juni 1920 bei einem Elektro-Großunternehmen 13 Arbeitseinstellungen statt und zwar[1]):

1. Spartakusunruhen,
2. Beerdigung Liebknecht,
3. Sympathiestreik Eisner,
4. Politischer Streik,
5. Angestelltenstreik,
6. Rohrlegerstreik,
7. Beerdigung Leviné,
8. Beerdigung Luxemburg,
9. Verkehrsstreik,
10. Zettelabreißerstreik,
11. Lohnstreik,
12. Betriebsratswahl.
13. Kappstreik.

Im Mai, Juni und Juli 1920 fanden die meisten Arbeitseinstellungen bei nebenbahnähnlichen Kleinbahnen und Straßenbahnen statt, z. B. in Berlin, Hamburg, Leipzig, Hannover, Kassel, bei den thüringischen Kleinbahnen, auf der braunschweigischen Landeseisenbahn (Privatbahn) und der Braunschweig-Schöninger Eisenbahn (Privatbahn).

Ende des Jahres 1920 zeigte sich einige Besserung, ohne daß jedoch damit die Periode der Kämpfe beendet ist. Es streikten z. B. im Februar 1921 wieder die Straßenbahnangestellten bei 33 Bahngesellschaften im rheinisch-westfälischen Industriegebiet.

Eine in London veröffentlichte Streikstatistik von zehn Ländern gibt für das erste Halbjahr 1290 die Anzahl der in Deutschland Streikenden auf 1866358 und die durch Streik verlorenen Arbeitstage auf 18201660 an. Mit der Zahl der Streikenden steht Deutschland an der Spitze vor Italien, Frankreich und Amerika, an verlorenen Arbeitstagen wird es übertroffen von Italien und Frankreich[2]).

Außer durch Streiks wurde die Arbeitsleistung vermindert durch häufigeres und längeres Krankmelden der Angestellten, das begünstigt wurde durch Aufhebung der fünftägigen Karenzzeit, in der die Kranken früher kein Krankengeld bezogen. Die Erhöhung des Krankenbestandes erforderte bei der Berliner Straßenbahn eine Personalvermehrung um 7 v. H., eine weitere durch verlängerte Urlaubsgewährung. Sie machte bei genannter Bahn eine weitere Personalvermehrung um 7 v. H. notwendig (4 Wochen Urlaub nach dreijähriger Dienstzeit, halbe und ganze Tage bei Hochzeiten, Begräbnissen von Kollegen usw.).

---

[1]) Die wirtschaftliche und soziale Lage der deutschen Elektroindustrie, Elektrotechnische Zeitschrift 1920, Heft 35, S. 700.

[2]) Tägliche Rundschau vom 29. Dezember 1920 (Abendausgabe).

Auch die Kämpfe der politischen Parteien, der Gewerkschaften und der Räteorganisationen sorgten dafür, daß die Arbeiterschaft nicht zur Ruhe kam und die sich allmählich anbahnende Besserung im Verkehrswesen keine Fortschritte machen konnte.

Artikel 165 der Verfassung des Deutschen Reichs vom 11. August 1919 sieht drei Arten von Arbeiterräten vor, Betriebsräte, Bezirksarbeiterräte und Reichsarbeiterrat.

Die unterste Stufe, die Betriebsräte, wurde durch das Gesetz vom 4. Februar 1920 ins Leben gerufen.

Artikel 165 lautet: „Die Arbeiter und Angestellten sind dazu berufen, gleichberechtigt in Gemeinschaft mit den Unternehmern an der Regelung der Lohn- und Arbeitsbedingungen, sowie an der gesamten wirtschaftlichen Entwicklung der produktiven Kräfte mitzuwirken".

Weiter ausgeführt werden die Aufgaben und Befugnisse des Betriebsrates im Abschnitt III des Betriebsrätegesetzes. Dort wird bestimmt:

„Der Betriebsrat hat die Aufgabe, in Betrieben mit wirtschaftlichen Zwecken die Betriebsleitung durch Rat zu unterstützen, um dadurch mit ihr für einen möglichst hohen Stand und für möglichste Wirtschaftlichkeit der Betriebsleistungen zu sorgen" (§ 66, 1).

„Bei der Wahrnehmung seiner Aufgaben hat der Betriebsrat dahin zu wirken, daß von beiden Seiten Forderungen und Maßnahmen unterlassen werden, die das Gemeininteresse schädigen" (§ 68).

Die Praxis hat statt dessen jedoch häufig schwere Schädigungen der Unternehmungen, des Verkehrs und der gesamten Volkswirtschaft durch das Verhalten der Betriebsräte ergeben. Statt friedlicher Zusammenarbeit der Arbeitgeber und Arbeitnehmer sind gerade bei den größten Verkehrsunternehmungen heftige Kämpfe um die beherrschende Machtstellung ausgebrochen. Die widerrechtlichen Besitzergreifungen von Bahnen durch das Personal [1]) konnten zwar nach einiger Schädigung des Verkehrs wieder beseitigt werden; Betriebseinstellungen werden aber immer wieder von den Betriebsräten veranlaßt und führen zu Verkehrsstörungen und Unsicherheit [2]). Die Zahl der gesetzwidrigen Übergriffe von Betriebsräten ist außerordentlich groß. Sie bedeuten oft eine ständige Erschwerung und Lähmung des gesamten Betriebes, wo von Entschlußfreiheit der führenden und verantwortlichen Personen nicht mehr die Rede sein kann. Am meisten wurden aber Verkehrsunternehmen wirtschaftlich geschädigt und an der Verbesserung ihrer Notlage gehindert, wenn die Eingriffe der Betriebsräte in den Betrieb bis zur Beseitigung erfahrener Betriebsleiter und Direktoren gingen [3]).

---

[1]) Besitzergreifung der Kleinbahnen Halbach-Lüttringhausen, Lennep-Remscheid-Wermelskirchen, Verkehrstechnik, 1920, Nr. 29 S. 411, der Eisenbahn Ruhla-Wutha, Akten des Reichsverkehrsministerium u. a. m.

[2]) Unangekündigte Betriebseinstellung bei der Großen Kasseler Straßenbahn, Verkehrstechnik 1920, Nr. 36 S. 532.

[3]) Beseitigung der Direktoren. Giese, „Die Berliner Straßenbahn, Vossische Zeitung vom 10. Februar 1920 (Abendausgabe).

c) Sinken der Moral.

Einer der tieferen Gründe für den Niedergang unseres Wirtschaftslebens ist das Sinken der Moral.

Durch den Tiefstand der Moral erklären sich Wuchergewinne von Lieferanten, Bestechungen der Angestellten, Unterschlagungen, Diebstähle und Einbrüche, Fahrgeldhinterziehungen der Fahrgäste, Fälschungen und Betrugsfälle und vieles andere, das sich nicht immer in Zahlen ausdrücken läßt, das aber die Ansätze zur Verbesserung unserer Lage immer wieder vernichtet. Besonders der Verkehr hat unter den Erscheinungen der gesunkenen Moral außerordentlich zu leiden. Im Bereich der ehemaligen Preußisch-Hessischen Staatseisenbahnen wurden im Laufe des Jahres 1920 nicht weniger als 238975 Diebstahlsfälle festgestellt und 17140 Diebe ermittelt, von denen 8806 Eisenbahnbedienstete waren[1]).

Die Hinterziehung von Fahrgeldern hat besonders nach Erhöhung der Tarife einen erschreckenden Umfang angenommen[2]).

Bei der Magdeburger Straßeneisenbahngesellschaft erließ der Betriebsrat (!) einen Aufruf an die Bevölkerung Magdeburgs, um Hilfe zur Unterdrückung der Fahrgeldhinterziehungen, die „infolge allgemeiner Demoralisation geradezu katastrophale Formen“ angenommen hatten[3]).

4. Der Friedensvertrag von Versailles und das Abkommen von Spa.

Der Friedenvertrag von Versailles und die aus ihm folgenden Abmachungen und Festsetzungen haben auch auf das deutsche Verkehrswesen, in erster Linie auf die Staatseisenbahnen, dann aber auch auf die Kleinbahnen, ihre schädigenden Wirkungen ausgeübt.

Zunächst rein äußerlich betrachtet verlor Deutschland durch die Abtrennung von Elsaß-Lothringen, der nördlichen Zone von Schleswig, der Provinz Posen und von Teilen Ost- und Westpreußens, im Westen von Eupen-Malmedy, Moresnet, im Südosten des Huldschinerländchens, durch die Selbständigmachung des Saargebietes, des Memelgebietes und der Stadt Danzig, eine Anzahl von nebenbahnähnlichen Kleinbahnen und Straßenbahnen, im ganzen bisher 31 Kleinbahnen mit zusammen 1811,12 km Streckenlänge und 10 Straßenbahnen mit zusammen 139,08 km Streckenlänge[4]). Welche Verkehrsstockungen und schweren Schädigungen der Betriebsmittel die im Abkommen von Spa uns auferlegten Kohlenlieferungen gebracht haben, ist an anderer Stelle schon angegeben. Man kann hoffen, daß die Bahnverwaltungen der Folgen dieser Leistungen bald wieder Herr werden; nicht so schnell

---

[1]) Zeitung des Vereins Deutscher Eisenbahnverwaltungen 1921, Nr. 7 S. 127.

[2]) Dr. Thöl, Unredlichkeiten im Kleinbahnbetriebe, Deutsche Straßen- und Kleinbahnzeitung 1919, Nr. 28, S. 280. Deutsche Strafrechtszeitung 1919 Nr. 3 u. 4.

[3]) Gegen die Fahrgeldhinterziehung. Verkehrstechnik 1920, 31. Heft, S. 440.

[4]) Angabe des preußischen Ministeriums der öffentl. Arbeiten.

zu beseitigen sind dagegen die Bestimmungen des Friedensvertrages, die uns die Tarifhoheit über unsere Eisenbahnen nehmen (Art. 365).

Durch die Beseitigung der Tarifhoheit werden wir des wichtigsten Mittels beraubt, die Ungunst unserer geographischen Lage etwas auszugleichen, unserem Handel und unserer Industrie den Wettbewerb auf dem Weltmarkt zu erleichtern und der Bevölkerung die Nahrungsmittel zu niedrigen Preisen zuzuführen.

Weit schwerer aber noch als die Bestimmungen, die unmittelbar unser Verkehrswesen treffen, lasten die Wiedergutmachungsbestimmungen des Friedensvertrages auf unserem gesamten Wirtschaftsleben. Alle seine Erscheinungen spiegeln sich aber am eindringlichsten in unseren Verkehrsverhältnissen. Es ist schon Gemeingut des deutschen Volkes geworden und bedarf keiner weiteren Ausführungen, daß die erste Voraussetzung unserer wirtschaftlichen Gesundung die Beseitigung des Friedensvertrages ist.

5. Ungenügende Abschreibungen und Rücklagen.

Daß die meisten Kleinbahnen und Privateisenbahnen finanziell wenig Widerstandskraft gegen die wirtschaftlichen Umwälzungen gezeigt haben und entweder in Konkurs geraten sind, Strecken abgebrochen und mit Betriebsmitteln verkauft haben oder noch um ihren Bestand ringen, ist oft auch darin begründet, daß ihre Finanzwirtschaft nicht vorsichtig genug war, daß sie insbesondere nicht genügend Rücklagen gemacht haben. Mitschuldig daran sind die ungenügenden gesetzlichen Vorschriften und das geltende Steuerrecht. Über Rücklagen bestimmt in Preußen die Ausführungsanweisung vom 13. August 1898 zu § 11 des Kleinbahngesetzes wie folgt:

„Den Unternehmern nebenbahnähnlicher Kleinbahnen *ist durch* die Genehmigungsurkunde aufzugeben, im Interesse der Aufrechterhaltung eines regelmäßigen und sicheren Betriebes einen Erneuerungsfonds, sowie — neben dem nach den jeweiligen handelsrechtlichen Vorschriften für Aktiengesellschaften und Kommanditgesellschaften auf Aktien erforderlichen Bilanzreservefonds — einen Spezialreservefonds zu bilden. Der Erneuerungsfonds dient zur Bestreitung der regelmäßig wiederkehrenden Erneuerung des Oberbaues und der Betriebsmittel. Der Spezialreservefonds dient zur Bestreitung von Ausgaben, die durch außergewöhnliche Elementarereignisse und größere Unfälle hervorgerufen werden. Dem Spezialreservefonds ist jährlich eine Rücklage aus dem Reinertrage zuzuführen.

Die Höhe der jährlichen Rücklagen zum Spezialreservefonds ist auf $^1/_2$ bis 3% des Reinertrages zu bemessen. Erreicht der Spezialreservefonds den Betrag von 5% des Anlagekapitals, so können für die Dauer dieses Bestandes weitere Rücklagen unterbleiben.

Die Genehmigungsbehörden sind ermächtigt, von der Pflicht zur Ansammlung eines Spezialreservefonds ganz zu befreien, wenn und solange die Erreichung seines Zwecks durch die Zugehörigkeit zu einem für zuverlässig erachteten Versicherungsunternehmen gewährleistet ist.

Ist der Unternehmer bereits durch das Gesellschaftsstatut oder sonst privatrechtlich (z. B. durch Verträge mit dem Staate, der Provinz oder dem Kreise über die Gewährung von Beihilfen oder die Gestellung von Grund und Boden) zur Ansammlung zweckdienlicher und ausreichender Rücklagefonds verpflichtet, so genügt es, durch die Genehmigungsurkunde die Aufrechterhaltung dieser Verpflichtung für die Dauer der Genehmigung sicherzustellen und ihre Befolgung zu überwachen.

Kommunalverbände sind als Unternehmer von Kleinbahnen von den vorstehenden Verpflichtungen zur Bildung von Rücklagefonds befreit, unbeschadet jedoch der von kommunalaufsichtswegen oder bei Gewährung von Unterstützungen seitens des Staates oder der Provinzen etwa getroffenen Anordnungen bzw. Vereinbarungen."

Trotzdem bilden auch kommunale Betriebe Rücklage- und Erneuerungsfonds. Für Straßenbahnen gelten also diese Vorschriften nicht. In der Praxis sind sie aber auch auf diese ausgedehnt worden.

Baden verlangt in den Genehmigungsurkunden für Lokalbahnen die Bildung eines Erneuerungsfonds zum Bestreiten der Ausgaben für die regelmäßig wiederkehrenden Erneuerungen.

Württemberg fordert dasselbe, läßt aber weitere Zuweisungen zu den Fonds nach, wenn und solange er für seine Zwecke ausreichend erscheint.

Für die Privateisenbahnen gelten in Preußen ähnliche Vorschriften wie für Kleinbahnen. Während aber die betreffenden Kleinbahnvorschriften nur Wert auf das Vorhalten der Mittel zum Erneuern, nicht auf das richtige Abschreiben legen [1], wie dies auch bei verschiedenen Privatkonzessionen geschehen ist [2], wird für diese in der Ministerialverfügung vom 27. Jan. 1858 betreffend Bildung und Verwaltung der Reserve- und Erneuerungsfonds der Nachdruck auf die Abrechnung eines dem Verschleiß entsprechenden Teiles von dem Rohüberschuß und auf die Erhaltung des unverminderten Wertes der Bahn gelegt [3].

Maßgebend sind ferner für Kaufleute und für Aktiengesellschaften im allgemeinen § 40, im besonderen § 261 des Handelsgesetzbuches vom 10. Mai 1897.

§ 40 H.G.B. lautet: „Die Bilanz ist in Reichswährung aufzustellen. Bei der Aufstellung des Inventars und der Bilanz sind sämtliche Vermögensgegenstände und Schulden nach dem Werte anzusetzen, der ihnen in dem Zeitpunkte beizulegen ist, für welchen die Aufstellung stattfindet."

Ferner § 261, Absatz 2: „Andere Vermögensgegenstände (als Wertpapiere und Waren) sind höchstens zu dem Anschaffungs- und Herstellungspreis anzusetzen."

---

[1] Goedecke, C. H. Sachwert und Ertragswert nebst Baukontierung und Abschreibung von Werken und Betriebsnetzen, also von Bahnen, Elektrizitäts-, Gas- und Wasserwerken usw. München, 1917, S. 154.

[2] Handbuch der Gesetzgebung in Preußen und im Deutschen Reiche, Fritzsch, Die Eisenbahnen, Berlin 1906, S. 148.

[3] Ministerialblatt für die gesamte innere Verwaltung, 1858, S. 26.

Und § 261, Absatz 3: „Anlagen und sonstige Gegenstände, die nicht zur Weiterveräußerung, vielmehr dauernd zum Geschäftsbetriebe der Gesellschaft bestimmt sind, dürfen ohne Rücksicht auf einen geringeren Wert zu dem Anschaffungs- oder Herstellungspreis angesetzt werden, sofern ein der Abnutzung gleichkommender Betrag in Abzug gebracht oder ein ihr entsprechender Erneuerungsfonds in Ansatz gebracht wird."

Diese gesetzlichen Vorschriften sind, insbesondere in Beziehung auf die Begriffe „Wert", „Erneuerungsfonds" und „Abschreibungen" außerordentlich unklar und lückenhaft. Die Begriffe „Erneuerungsfonds" im H.G.B. und Kleinbahngesetz widersprechen sich sogar, im ersten ist ein Korrektivposten, im zweiten ein tatsächlicher Erneuerungsfonds gemeint. Es fehlt z. B. ganz die bilanzmäßige Berücksichtigung der Heimfallast. Darin ist auch keine Besserung durch die Rechtsprechung oder ministerielle Entscheidungen eingetreten. Ja selbst erfahrene Bilanzfachleute haben ohne Erfolg jahrelang ihre voneinander abweichenden Meinungen verfochten [1]. Die Praxis hat darunter zu leiden gehabt. Die Folge war oft eine mangelhafte Dotierung des betreffenden Fonds bei nebenbahnähnlichen Straßenbahnen und Kleinbahnen schon zu Vorkriegszeiten. Aus den Geschäftsberichten der Bahnunternehmungen und der Kleinbahnstatistik ist zu ersehen, daß über die Höhe der Einlagen in die verschiedenen Fonds keine einheitlichen Grundsätze bestehen. Großstädtische Bahnen mit verhältmäßig guten Erträgen bedachten die Fonds in der Regel reichlich, bis zu 10% des Anlagekapitals jährlich, kleinstädtische Bahnen und insbesondere Überlandkleinbahnen überwiesen den Fonds nur dürftige Mittel bis herab zu 2% des Anlagekapitals, ja manche Bahnen machten überhaupt keine Rücklagen [2].

6. Ungenügende Tariferhöhungen.

Der in den Kriegsjahren langsam, in den Nachkriegsjahren aber unverhältnismäßig schnell ansteigenden Ausgabenkurve sind die Tariferhöhungen aller Verkehrsmittel, insbesondere der Privateisenbahnen und Kleinbahnen, nicht entsprechend gefolgt.

Die ehemals Preußisch-Hessische Staatsbahnverwaltung behielt die Vorkriegstarife bis 31. März 1918 bei. Bei den Privateisenbahnen und Kleinbahnen begannen im allgemeinen von selber die Tariferhöhungen bei Einführung des Verkehrssteuergesetzes. Einige besonders notleidende Kleinbahnen wurden allerdings schon während des Krieges durch Eingreifen militärischer Dienststellen (Generalkommandos) zur Erhöhung der Tarife ermächtigt. Die Erhöhungen blieben zunächst aber sehr gering, stärker wurden sie erst im Anfang des Jahres 1919, noch stärker Ende 1919 und im Laufe des Jahres 1920. Die

---

[1]) Paul, Dr. Ing. Die Bewegung des Erneuerungsfonds und seine Beziehung zum Tilgungsfonds. Zeitschrift f. Kleinbahnen, 1917, Okt. S. 46ff.

[2]) Günther, Artur, Dr. Dipl. Ing. Die kommunalen Straßenbahnen Deutschlands, Jena 1913. S. 84.

Berliner Straßenbahn nahm z. B. folgende Erhöhungen für Einzelfahrscheine vor:

Von dem 10 Pf.-Einzeltarif vom 1. Januar 1901:					auf das:
am	1. Mai 1918	auf	15 Pfg.	(Dopp.-Fahrsch. $2 \times 12{,}5 = 25$ Pfg.)	$1\frac{1}{2}$ fache
„	21. Jan. 1919	„	20 „	„ „ $2 \times 17{,}5 = 35$ „	2 „
„	1. Jan. 1920	„	30 „	. . . .	3 „
„	1. Apr. 1920	„	50 „	. . . .	5 „
„	21. Mai 1920	„	70 „	. . . .	7 „
„	1. Dez. 1920	„	80 „	. . . .	8 „
„	3. März 1921	„	1.— Mk.	. . . .	10 „

Demgegenüber waren die Gesamtausgaben zu denselben Zeitpunkten etwa auf das $2\frac{1}{2}$, 5, 9, 12, 13, $13\frac{1}{2}$, 14 fache des Vorkriegsstandes gestiegen.

Nur wenige Straßenbahnen haben ihre Tarife früher und stärker steigern können. (Z. B. verschiedene Kreisbahnen und Straßenbahnen im rheinisch-westfälischen Industriebezirk.)

Die Tarife der Privateisenbahnen und der nebenbahnähnlichen Kleinbahnen folgten den Steigerungen der Staatsbahntarife. Vom Jahre 1913 bis Ende 1920 ist der Personentarif der Staatsbahn um das 4 bis 5 fache, der Gütertarif um das 6 fache gestiegen. In dieser Zeit ist der Wert des Geldes um mehr als das 12 fache gesunken und sind die Personal- und Materialkosten auf das 18 bis 20 fache gestiegen. Anfang 1921 wurde amtlich vom Reichsverkehrsministerium angegeben, daß seine Ausgaben um 3000 bis 4000 v. H. gestiegen seien und daß es notwendig sein würde, die Personentarife auf 900 v. H. und die Gütertarife auf 1200 v. H. zu erhöhen, wenn man die Verhältnisse stabilisieren wolle[1]).

Die Tariferhöhungen zeigen aber durchaus kein einheitliches Bild, weder im gesamten Verkehrswesen (Staatsbahnen, Privatbahnen usw.), noch innerhalb der einzelnen Verkehrsgebiete, z. B. der großstädtischen Straßenbahnen und staatlichen Vorortbahnen, noch innerhalb einer Bahngattung (z. B. der Straßenbahnen)[2]). Im Berliner Großstadtverkehr weisen die geringste Erhöhung die staatlichen Stadt- und Vorortbahnen auf, es folgen dann Omnibusse, dann elektrische Schnellbahnen und schließlich mit der stärksten Erhöhung die Straßenbahnen[3]). Stärker aber als die Straßenbahntarife stiegen die Tarife im Staatsbahnfernverkehr.

Durch die der steigenden Teuerung stark nachhinkenden Tariferhöhungen haben viele Kleinbahnen Verluste erlitten, die nicht durch eigene Kraft wieder einzuholen sind[4]). Die Schuld trifft jedoch nicht — oder nur ausnahmsweise und zum kleinen Teil — die Bahnver-

---

[1]) Tägliche Rundschau Nr. 4 vom 4. Januar 1921.

[2]) Kemman, Geh. Baurat Dr. Ing., Zur Tarifpolitik preuß. Großstadtschnellbahnen. Verkehrstechn. 1920, Nr. 17, S. 233 ff. und Übersicht über die Tarife deutscher Straßenbahnverwaltungen. Aufgestellt vom Verein deutscher Straßenbahnen, Kleinbahnen und Privatbahnen.

[3]) Die Tätigkeit des Zweckverbandes Groß-Berlin auf dem Gebiete des Verkehrswesens. Zeitschr. f. Kleinb., Okt. 1920, S. 353.

[4]) Zusammenbruch der deutschen Kleinbahnen, Schriften der Gewerkschaft deutscher Eisenbahner, Berlin 1920, S. 8.

waltungen, vielmehr die Aufsichtsbehörden, Wegeunterhaltungspflichtigen und Kommunen. Die (Große) Berliner Straßenbahn stellte z. B. schon im Juli 1915 einen Antrag auf Tariferhöhung beim Zweckverband Groß-Berlin, der abgelehnt wurde. Ähnlich erging es anderen Kleinbahnen. Fast durchweg stellten sich in den ersten Kriegsjahren die maßgebenden Stellen auf den Standpunkt, daß eine Notlage der Kleinbahnen nicht vorhanden und Tariferhöhungen unnötig seien [1]). Auch um sich bei in Aussicht stehender Kommunalisierung von Kleinbahnen möglichst billigen Erwerb infolge niedriger Erträge zu sichern, bereiteten viele Kommunen den Gesuchen um Tariferhöhungen die größten Schwierigkeiten [2]) oder auch aus sozialpolitischen Rücksichten mit der Vertröstung auf spätere, bessere Zeiten [3]). Wenn trotz aller entgegenstehender Bedenken Tariferhöhungen bewilligt wurden, so kamen sie stets zu spät, da das im preußischen Kleinbahngesetz (bzw. im Eisenbahngesetz für Privateisenbahnen) vorgeschriebene Genehmigungsverfahren außerordentlich umständlich und zeitraubend ist. Sogar bei kommunalen Betrieben bei denen Tariferhöhungen sich im allgemeinen am glattesten durchführen lassen, hat der Entwurf eines neuen Tarifes bis zu seiner Genehmigung folgenden Weg mindestens einmal, oft aber auch mehrmals, zurückzulegen:

1. Aufstellung des Entwurfes durch die Betriebsverwaltung.
2. Vorlage bei zuständigen Ausschüssen (Straßenbahnausschuß, Finanzausschuß der Kommunen oder Kreise).
3. Vorlagen bei der Gemeindevertretung oder Interessenten oder Wegeunterhaltungspflichtigen.
4. Verhandlungen mit den Kleinbahn-Aufsichtsbehörden, welche
5. die Polizeiverwaltungen der wegeunterhaltungspflichtigen Gemeinden hören.

Auch Betriebsräte, Gewerkschaften, Siedlungsverbände und andere Parteien und Interessenten nehmen oft Stellung zu geplanten Tariferhöhungen und verhindern durch Verhandlungen rechtzeitige und ausgiebige Erhöhungen.

Bis in die ersten Monate des Jahres 1920 waren viele Kleinbahnen und Privateisenbahnen, die langfristige Verträge eingegangen waren, überhaupt nicht in der Lage, ihre Tarife zu erhöhen oder aber sie mußten, während ihnen im allgemeinen Tariferhöhungen ihrer freien Tarife von den Aufsichtsbehörden genehmigt wurden, ihre vertraglichen festen Tarife, soweit keine gütliche Einigung mit der anderen Vertragspartei zu erreichen war, beibehalten und Transporte mit großen Verlusten ausführen. Eine Änderung trat hierin erst ein durch die Verordnung über die schiedsgerichtliche Erhöhung von Beförderungspreisen der Eisenbahnen, Kleinbahnen (Lokalbahnen usw.), Straßen-

[1]) Eingabe des deutschen Städtetages unterm 21. November 1919 an die Verfassunggebende deutsche Nationalversammlung. Drucksache Nr. 2389.

[2]) a. a. O.

[3]) Giese, Prof. Dr. Ing., „Die Berliner Straßenbahn". Vossische Zeitung vom 10. Febr. 1921, Abendausgabe.

bahnen und Anschlußbahnen[1]). Dagegen müssen immer noch für die Reichspost Leistungen der Bahnverwaltung ausgeführt werden, die entweder noch nach Vorkriegssätzen oder zu vollständig ungenügenden Sätzen, die nicht entfernt die Selbstkosten decken, vergütet werden[2]).

Ja die Bahnverwaltungen müssen sich selbst die größte Zurückhaltung in ihren Gesuchen um Tariferhöhungen auferlegen, da jede Tarifsteigerung einen Verkehrsrückgang zur Folge hat. Oft sind die Ausfälle von Einnahmen durch Abwanderung größer als die Steigerung durch die Tariferhöhungen. Besonders nebenbahnähnliche Kleinbahnen in verkehrsschwachen Gegenden können kaum zu nennenswerten Erhöhungen schreiten, weil dann sofort andere Verkehrsmittel, wie Fuhrwerke, Kraftwagen, Wasserstraßen ihnen auch noch den geringen Verkehr entziehen.

Die Tarifpolitik war schon immer ein schweres Kapitel; unter den heutigen Verhältnissen, mit ständig schwankenden Wirtschaftsverhältnissen und ganz ungewissen Zukunftsaussichten ist sie von vielen Unternehmungen gar nicht zu bemeistern.

Finanzielle Nachteile von Tariferhöhungen sucht man bisweilen durch Betriebseinschränkungen und Personalentlassungen auszugleichen. Das führt dann wieder zu Kämpfen und Streiks, die nicht nur die betreffenden Unternehmungen, sondern auch das gesamte Wirtschaftsleben schädigen.

Vierter Abschnitt.

Mittel zur Behebung der Notlage.

1. Gesundung des deutschen Wirtschaftslebens.

a) Revision des Friedensvertrages.

Alle Glieder des deutschen Wirtschaftslebens sind derart ineinander und mit der Weltwirtschaft verflochten, daß von einer Gesundung eines Teiles nicht die Rede sein kann, solange man nicht eine allgemeine Besserung herbeiführen kann.

Das ganze deutsche Wirtschaftsleben leidet unter den Lasten des Friedensvertrages, auch zahlenmäßige Geschäftserfolge einzelner Unternehmungen, die es verstanden haben, ihre Einnahmen den erhöhten Aufwendungen anzupassen, dürfen nicht täuschen. Die Privateisenbahnen und Kleinbahnen sind jedenfalls nicht in nennenswertem Maße in der Lage, sich der Konjunktur anzupassen. Sie gehören zu den schwächsten und doch hochbedeutsamen Gliedern unserer Wirtschaft. Sie spüren an ihren Verkehrseinnahmen stets sehr deutlich das Steigen oder Fallen des Volkswohlstandes.

---

[1]) Reichsgesetzblatt 1920, S. 255 ff. und 1712 ff.

[2]) Wünsch, Eisenbahndirektor, Das Eisenbahnpostgesetz von 1875 und die deutschen Privateisenbahnen, Zeitung des Vereins deutscher Eisenbahnverwaltungen, 1921, Nr. 9, S. 164.

Sie haben ein unmittelbares Interesse daran, daß die Lasten des Friedensvertrages so bald als möglich vom deutschen Lande genommen werden.

b) Neuordnung der staatlichen Finanzwirtschaft.

Wesentlich abhängig ist aber unser Wirtschaftsleben von der staatlichen Finanzwirtschaft.

Solange unsere Handels- und Zahlungsbilanz passiv bleibt, unsere Valuta ständigem Wechsel unterworfen ist, die Inflation immer weiter wächst und das Staatsbudget nicht ins Gleichgewicht kommt, können auch die Verkehrsunternehmen mit keiner ruhigen Entwicklung rechnen.

Eine Stabilisierung unserer volkswirtschaftlichen und finanzwirtschaftlichen Verhältnisse ist allerdings von vielen Faktoren abhängig, deren Beherrschung nur zum Teil in der Hand unserer Regierung liegt.

Zur Wiederherstellung des Gleichgewichts im Staatshaushalt ist zunächst erforderlich, daß unsere Verpflichtungen aus dem Friedensvertrag fest begrenzt werden, daß keine neue, grundsätzliche Kaufkraft geschaffen wird durch Vermehrung der schwebenden Schulden, daß das Gleichgewicht hergestellt wird zwischen Gütererzeugung und Güterverbrauch, daß erhöhte Produktion mit Sparsamkeit auf allen Gebieten Hand in Hand geht.

Diese Grundsätze müssen auch zum großen Teil in allen Unternehmungen, nicht zuletzt in den Verkehrsunternehmen sinngemäße Anwendung finden. Jedes Glied muß an der Gesundung des Körpers mitwirken.

2. Verbesserung der Bauanlagen und der Betriebsmittel.

a) Wiederherstellung der Gleis- und Leitungsanlagen.

Als selbstverständliche Voraussetzung für die Gesundung unseres Verkehrswesens muß die Beseitigung aller Kriegsschäden gelten. Ausgefahrene Gleise, zerstörte Schwellen, verfallene Bauwerke, schadhafte Leitungen müssen instandgesetzt werden, minderwertiger Kriegsersatz muß durch vollwertiges Material ersetzt werden, die Betriebsmittel müssen wieder das saubere, hygienische Aussehen erhalten, wie wir es vor dem Kriege gewohnt waren, Bequemlichkeit, Ordnung, Höflichkeit, Pünktlichkeit müssen vollständig wiederhergestellt werden.

Außer den notwendigen Instandsetzungen sind aber eine große Anzahl Verbesserungen durchzuführen, die geeignet sind, einen höheren technischen und wirtschaftlichen Nutzungsgrad des Unternehmens herbeizuführen.

b) Abbruch unrentabler Strecken. Linienverbesserungen.

Vor dem Kriege haben sich wohl fast alle größeren Bahnunternehmungen auch den Ausbau wenig oder gar nicht rentabler Strecken leisten können. Man war sich bewußt, daß bestimmte Strecken in abgelegenen Ortsteilen, in Hakenform geführte Linien, manche Ringlinien, über den Bedarf hinausgehende Abstellgleise und Ausweichen überflüssig oder unrentabel waren [1]). Ja, manche Bahnunternehmungen waren von vornherein unrentabel, haben niemals eine Rente abgeworfen und auch heute keine Aussicht, je eine zu erzielen. Hier ist eine gründliche Revision notwendig. Wo allgemeine Interessen nicht geschädigt werden, sind unrentable Linien zu beseitigen, schlecht geführte umzulegen. Dies kann natürlich nur nach Genehmigung durch die Aufsichtsbehörde erfolgen. Zu beachten sind dabei die Verordnungen betreffend Maßnahmen gegenüber Betriebsabbrüchen und -stilllegungen vom 8. November 1920 [2]), ferner § 74 des Betriebsrätegesetzes, § 11 des preußischen Kleinbahngesetzes und das Gesetz über die Bahneinheit vom 8. Juli 1902.

Nicht unwesentlich heben läßt sich die Benutzung einer Bahn, besonders einer Überlandbahn oder städtischen Straßenbahn durch Bauanlagen, die dem Schutze und der Bequemlichkeit der Fahrgäste dienen, z. B. Wartehallen, deutliche Haltestellenschilder, Schutzinseln und durch gute Anschluß- und Umsteigegelegenheiten.

c) Verbesserung der Betriebsmittel.

Von größter Bedeutung außer Linienführung, Fahrpreis und Reisegeschwindigkeit ist für die Beliebtheit oder Unbeliebtheit eines Verkehrsmittels der Zustand der Wagen. Daran läßt sich noch viel tun. Insbesondere können noch verbessert werden die Federung der Wagen, Anstrich, Linienbezeichnung, Ein- und Ausstieg, Innenausstattung, Lüftung, Beleuchtung, Heizung.

3. Vereinheitlichung der Bau- und Betriebseinrichtungen.

Dringend erforderlich zur weiteren Entwicklung des deutschen Kleinbahnwesens ist die Vereinheitlichung der Bau- und Betriebseinrichtungen. Die im II. Abschnitt geschilderte Zersplitterung muß beseitigt werden. Es müssen wenige Schienenformen, Spurweiten, Schwellenmaße zur allgemeinen Anwendung kommen, im Wagenbau müssen alle Sonderwünsche unterbleiben, die Ausrüstung muß normalisiert werden, die mannigfaltigen Arten von Zugmitteln müssen durch einige wenige ersetzt werden.

Von primärer Wichtigkeit ist die Spurweite. Die Beschränkung auf zwei Spurweiten — Meterspur und Normalspur — ist mit allen Mitteln anzustreben. Ländliche Kleinbahnen, insbesondere in sich geschlossene größere Netze, werden am besten die Meterspur verwenden, kurze Kleinbahnen mit starkem Güterverkehr und unmittelbarem Anschluß an die normalspurige Hauptbahn werden oft wirtschaftlicher arbeiten können, wenn sie statt Meterspur die Normalspur

---

[1]) Trautvetter, K., Linienführung elektrischer Bahnen, Berlin 1920, S. 137.
[2]) Reichsgesetzblatt 1920, S. 1901 ff.

wählen und die Umladekosten von der Kleinbahn auf die Staatsbahn ersparen.

Eine kleinere Spurweite als 1 m, z. B. die von Professor Dr. Ing. Blum vorgeschlagene 75 cm-Spur[1]) ergibt wohl Ersparnisse in der Anlage, bedingt aber geringere Leistungsfähigkeit und erhöht die Unterhaltungskosten. Sind auch leistungsfähige Lokomotiven für 75 cm-Spur möglich, so ergibt jedoch die anzustrebende Einführung elektrischer Motoren große Schwierigkeiten. Auch aus diesem Grunde hat die oberschlesische Kleinbahn ihr gesamtes Netz von 0,785 m-Spur auf Normalspur umgebaut.

Bei städtischen Straßenbahnen ist die Normalspur der Meterspur fast stets vorzuziehen. Zwar wird die Anlage in Normalspur teurer als in Meterspur und der zu unterhaltende Straßenstreifen breiter, doch gestatten die normalspurigen Motorwagen eine bessere Ausbildung und Instandhaltung der Untergestelle und eine leichtere Unterbringung größerer Motoren und der sonstigen Ausrüstungen.

Zur Ersparung hoher Straßenbau- und Unterhaltungskosten wird man noch weit mehr als bisher die Schaffung eigener von der Straßenfahrbahn abgetrennter Bahnkörper anstreben müssen.

Die Frage der Spurweite, wird in jedem Fall besonders zu untersuchen sein, wobei der eigene Vorteil vielleicht oft vor der großen Frage der Vereinheitlichung unseres Verkehrswesens und dem allgemeinen Nutzen zurückzustellen ist[2]). Die Vereinheitlichung der Wagenbauarten wird bei einigem guten Willen der Bahnverwaltungen keine großen Schwierigkeiten machen. Im allgemeinen wird der Bau großer, schwerer Wagen zu verlassen und ein einheitlicher leichter Wagen anzustreben sein, schwankenden Verkehrsbedürfnissen ist dann durch Einstellung von Anhängewagen zu genügen. Die während des Weltkrieges in Nordamerika in großem Umfange eingeführten sog. „Einmannwagen" ohne Schaffner und Zahlkasten müssen dabei eingehend geprüft und ihre Einstellung auch in den deutschen Straßenbahnverkehr reiflich erwogen werden.

Wesentlich schwieriger wird die Frage der Vereinheitlichung der Zugmittel bei nebenbahnähnlichen Kleinbahnen zu lösen sein. Während bei städtischen Straßenbahnen ein bestimmter Typ von elektrischen Motorwagen sich zur Alleinherrschaft hindurchringt, verwenden nebenbahnähnliche Kleinbahnen in der Hauptsache Dampflokomotiven unterschiedlichster Bauart oder, besonders auf Strecken, welche die Fortsetzung städtischer Straßenbahnen bilden, elektrische Motorwagen, bisweilen auch elektrische Lokomotiven oder andere Betriebsmittel mit Gas oder Benzolmaschinen. Wo irgend möglich, ist der Dampf-

---

[1]) Otto Blum, Der Wiederaufbau unseres Verkehrswesens. Stuttgart 1919, S. 21. (Vgl. auch Absch. II, 1, S. 10.)

[2]) Friedr. List: „Der nationale Zweck dauernder Entwicklung produktiver Kraft steht über dem pekuniären Vorteil einzelner Klassen und Individuen. Jede Nation hat die Aufgabe, vor allem ihre eigenen Hilfsquellen aller Art zum höchsten Grad der Selbständigkeit und harmonischen Entwicklung zu bringen."

lokomotivbetrieb, der unsere kostbare Steinkohle in unwirtschaftlichster Weise verbraucht, durch den Betrieb mit elektrischen Motoren, Speicherwagen oder Verbrennungsmaschinen zu ersetzen. Mannigfaltigkeit und Zersplitterung ist hier natürlich auch zu vermeiden, doch läßt sich eine allgemeine Elektrisierung nicht empfehlen, da z. B. für Kleinbahnen mit ganz geringem Verkehr (vielleicht nur zwei Zugpaare am Tag) die Verzinsung der elektrischen Anlagen eine große Belastung bedeuten würde.

Sie wird auch wirtschaftlich nicht durchzuführen sein in dünn besiedelten Gegenden, die noch kein Elektrizitätswerk aufzuweisen haben. Für stark belastete Kleinbahnen ist jedoch die Elektrisierung oft das einzige Mittel zur Befriedigung der Verkehrsanforderungen oder Erhöhung ihrer Leistungsfähigkeit[1]). Auch im volkswirtschaftlichen Interesse ist sie zur Schonung unserer Bodenschätze da zu fordern, wo elektrische Kraft, besonders aus Wasserkraftwerken, billig zur Verfügung steht. Die Schweiz gewährt aus diesem Grunde allen Privatbahnen namhafte Unterstützungen, die vom Dampf- zum elektrischen Betrieb übergehen[2]). Unter Umständen läßt sich aber die Frage der Licht- und Kraftversorgung eines Gebietes mit der Elektrisierung einer Kleinbahn sehr glücklich vereinigen. Wo sich die Anlage von elektrischen Bahnanlagen nicht empfiehlt, Strom aber billig zu haben ist, z. B. von industriellen Werken, sind vielleicht elektrische Speichertriebwagen das wirtschaftlichste Beförderungsmittel. So hat sich z. B. die Bad Eilsener Kleinbahn an das Reichsverkehrsministerium um Überlassung von Speichertriebwagen gewendet.

4. Erhöhung des Wirkungsgrades der Leistungen.

a) Wiederherstellung der Moral.

Nach dem siebenjährigen Kriege, als die wirtschaftlichen und moralischen Verhältnisse Preußen-Deutschlands den heutigen sehr ähnlich waren, stellte Friedrich der Große ein Wiederaufbauprogramm auf, das bezüglich der Personalverhältnisse forderte: „Beamte, junge Männer, die treu und redlich sind, die offene Köpfe haben, welche die Wirtschaft verstehen und sie selber getrieben haben, die von Kommerzien und Manufaktur und anderen dahingehörigen Sachen gute Informationen besitzen und dabei auch der Feder mächtig sind.“ Wohl absichtlich ist an die Spitze gestellt, Männer, die treu und redlich sind. Auch für unseren Wiederaufbau nach dem Weltkriege müssen wir diese Forderung allen anderen voranstellen, als Vorbedingung für die Wirksamkeit aller Verbesserungsmaßnahmen. Die Betriebsleitungen haben hier ein reiches Feld der Betätigung. Ihre Aufgabe ist, dafür zu

---

[1]) Hübener, Elektrische Schmalspur-Güterzuglokomotive für 2400 Volt Gleichstrom für die Bahn St. Georges de Commiers-la Mure. Elektrische Bahnen 1903, Heft 4, S. 185 ff.

[2]) Bundesgesetz über die Unterstützung von privaten Eisenbahn- und Dampfschiffunternehmungen zum Zwecke der Einführung des elektrischen Betriebes, vom 2. Oktober 1919.

sorgen, daß in ihrem Geschäftsverkehr Treu und Glauben wieder einzieht und Bestechungen verhindert werden; im Verkehr mit dem Publikum müssen die Fahrgeldhinterziehungen und andere Unredlichkeiten durch nicht uniformierte Kontrollbeamte bekämpft werden, im Werkstättenbetrieb und im Fahrdienst müssen Pünktlichkeit, Redlichkeit und Tariftreue wiederhergestellt werden.

b) Gemeinschaft der Arbeitnehmer und Arbeitgeber. Betriebsräte. Schlichtungsausschüsse.

Mit Strenge allein läßt sich allerdings nichts erreichen. Wohl ist die Schließung von Werkstätten und Wiedereinstellung nur der zuverlässigsten Kräfte ein vom preußischen Minister der öffentlichen Arbeiten Oeser mit gutem Erfolg angewandtes Mittel, wenn der Wirkungsgrad der Leistungen erheblich gesunken ist, doch einmal ist Privatbetrieben infolge Verordnungen und gesetzlicher Vorschriften hierin nicht freie Hand gelassen, dann aber stehen ihnen in den Arbeiterorganisationen Kräfte gegenüber, die ein schwaches Kleinbahnunternehmen schnell ruinieren können. Durch gemeinsames Vorgehen mit den Arbeitern, wie es natürlich auch die Staatsbahnverwaltung übt, muß man wieder Ordnung zu schaffen suchen. Erschwert wird das Bemühen der Betriebsleitungen oft durch das feindliche Verhalten der Arbeitervertretungen, besonders der Betriebsräte, es sind aber andererseits auch in vielen Betrieben gerade durch die Mitwirkung der Arbeitervertretungen friedliche Verhältnisse geschaffen und die Leistungen gehoben worden.

Wesentliches in der Beilegung von Arbeitsstreitigkeiten (insbesondere bei Entlassungen) haben die Schlichtungsausschüsse[1]) geleistet. Im Jahre 1919 wurden von 84000 Streitfällen 30000 durch Schiedsspruch erledigt.

c) Kluge Lohnpolitik. Soziale Fürsorge.

Zur Hebung der Arbeitsfreudigkeit ist vor allem Vorbedingung, daß die Entlohnung gerecht und den Leistungen angemessen ist. In der Zeit des Umsturzes ist hierin viel gesündigt worden. Der fleißige und erfahrene Arbeiter muß für seine höheren Leistungen auch eine befriedigende Erhöhung des Lohnes bekommen und darf nicht nahezu gleichgestellt werden mit jungen, ungelernten Arbeitern. Eine kluge Lohnpolitik wird sich ebenso freizuhalten suchen von dem Vorwurf der Arbeiter, nur im privatwirtschaftlichen Sinne auszubeuten, wie von dem, sich von ungerechten Lohnagitationen radikaler Elemente treiben zu lassen.

Das beste Lohnsystem ausfindig zu machen, ist in dem Verkehrsgewerbe schwerer als in der Industrie, denn es handelt sich hier

---

[1]) Verordnung über Tarifverträge, Arbeiter- und Angestelltenausschüsse, Schlichtung von Arbeitsstreitigkeiten, vom 23. Dezember 1918, Reichsgesetzblatt 1918, S. 1456. Neue Schlichtungsordnung ist im Reichsarbeitsministerium in Vorbereitung.

meistens nicht um Massenerzeugung gleichartiger Produkte, sondern in den Werkstätten um täglich sich ändernde Reparatur- und Instandsetzungsarbeiten, um Zugabfertigungs- und Bahnhofsdienst, um schlecht meßbare Arbeiten, in der Bahnunterhaltung bald um einfaches Nachbessern, bald um große Auswechslungen, Erneuerungen und Befestigungen. Eher schon kann man regelmäßig wiederkehrende Arbeitsarten in der Zugförderung, bzw. in der Bedienung von Motorwagen oder Lokomotiven einer genauen Lohnberechnung unterwerfen. Zum Akkordsystem soll man in Werkstätten, soweit es irgend möglich ist, zurückzukehren suchen. Prämiensysteme stellen nur einen Übergang vom Zeit- zum Stücklohn dar. Sie sind am Platze, wo die Schwierigkeit der Arbeitsleistung oder die Art des Arbeitsvorganges die Berechnung eines Akkordlohnes sehr erschwert oder unmöglich macht, z. B. bei umfangreichen, eigenartigen Wiederherstellungsarbeiten an elektrischen Motoren oder Leitungen oder im Kesselhaus oder Maschinenhaus eines Elektrizitätswerkes. Während in neuerer Zeit sich im allgemeinen in der Industrie eine starke Überschätzung der Prämiensysteme gezeigt hat, kann man sie in vielen Tätigkeiten im Verkehrsgewerbe mit Vorteil zur Anwendung bringen. Für jeden Fall empfiehlt sich vor der Einführung des Systems ein genaues Studium[1]) der verschiedenen Arten, und nachdem man sich über das geeignete System klar geworden ist, eine Besprechung darüber mit den in Betracht kommenden Arbeitergruppen. Quantitäts-, Qualitäts- und Rohstoffprämien werden im Verkehrsgewerbe wenig Anwendung finden können, dagegen oft gewisse Zeitlohn-Prämiensysteme. Gewinnbeteiligung kann für Kleinbahnen und Privatbahnen kaum in Betracht kommen, da sie selten einmal nennenswerte Gewinne zu verzeichnen haben. Die gleitende Lohnskala empfiehlt sich eher für Kohlenförderung oder Eisenverarbeitung, wo sie allerdings auch wenig Verbreitung gefunden hat[2]). Sie kann aber in Beziehung zum Existenzminimum noch größere Bedeutung erlangen.

Bei Lohnfestsetzungen für ganze Berufszweige sind auf den meisten Fachgebieten Reichstarifverträge zwischen den Arbeitgeberverbänden und den Arbeitnehmerverbänden zustande gekommen[3]). Ihre Erneuerung vor Ablauf, ihre Aufrechterhaltung, Befolgung und Ausbau bedarf noch steter Sorge. Das im Reichsarbeitsministerium in Vorbereitung befindliche neue Arbeitsrecht soll u. a. auch ein Arbeitstarifgesetz bringen. Hand in Hand mit einer klugen Lohnpolitik muß die soziale Fürsorge für Arbeiter und Angestellte und ihre Angehörigen gehen.

---

[1]) Taylor-Wallichs, Die Betriebsleitung, insbesondere der Werkstätten, Berlin 1914. Schloß-Bernhard, Handbuch der Löhnungsmethoden, 1906. Eduard Bernstein, Das Prämiensystem und die Arbeiter. Sozialistische Monatshefte 1902, II. Bd.

[2]) Philippowich, Grundriß der politischen Ökonomie, Tübingen 1920, I. Bd., S. 378 u. II. Bd., S. 327 ff.

[3]) Reichstarifvertrag bei den Kleinbahnen und Privateisenbahnen, Ztg. d. Vereins deutscher Eisenbahnverwaltg. 1919, Nr. 41 und Dräger, Die Entwicklung der Verhältnisse bei den nebenbahnähnlichen Kleinbahnen und den im Privatbetrieb stehenden Eisenbahnen, Verkehrstechnik 1919, Heft 6, S. 93 u. 94.

Die Kleinbahnverwaltungen, besonders die größeren Straßenbahnverwaltungen, haben auf diesem Gebiete, vor allem während der Kriegszeit, außerordentliches geleistet. Der Ausbau der Ruhegeld- und Hinterbliebenenkassen ist aber zur Zeit bei vielen Unternehmungen infolge ihrer wirtschaftlichen Notlage unmöglich, er muß für die Zukunft aber im Auge behalten werden, bilden doch derartige Einrichtungen ein wesentliches Mittel zur Heranbildung eines Stammes zuverlässiger und ruhiger Arbeiter und Angestellter.

d) Bessere Ausnutzung der Arbeitszeit.

Deutschlands Rettung aus der Wirtschaftsnot liegt vorwiegend in der Erhöhung seiner Produktivität, die Rettung der Verkehrsbetriebe aus ihrer Notlage in der Erhöhung der Leistungen, d. h. in der besten Ausnutzung der Arbeitszeit. Das einfachste Mittel wäre die Beseitigung des 8-Stunden-Arbeitstages, wenigstens für die nächsten Jahre der Wirtschaftsnot und vielleicht nur für das Verkehrsgewerbe. Selbst der Reichsverkehrsminister[1]) und der Reichsfinanzminister haben zugegeben, daß die schematische Anwendung des 8-Stunden-Arbeitstages ohne Rücksicht auf die Art der Beschäftigung zu verwerfen sei. Für die Landwirtschaft ist auch eine besondere Regelung eingeführt worden[2]), einmal, da Nahrungsmangel gerade die Arbeiterschaft recht fühlbar treffen würde, dann auch, weil das Bauerntum eine Macht darstellt, die sich nicht so leicht bezwingen oder ausplündern läßt. Für die Verkehrsbetriebe sind jedoch die Aussichten auf Abänderung der Arbeitszeit sehr gering[3]). Das Streben der Verwaltungen muß vielmehr zunächst dahingehen, eine zu weitgehende Verkürzung der Dienstdauer durch Pausen, Vorbereitungs- und Schlußdienst zu vermeiden, besonders gilt dies für ländliche Kleinbahnen mit weitem

---

[1]) Reichsverkehrsminister Groener am 24. Jan. 1921 vor der Handelskammer in Hamburg: „Die schematische Durchführung des 8-Stundentages bei der Eisenbahn macht es unmöglich, den Betrieb wieder auf die alte Höhe zu bringen.“ Tägliche Rundschau Nr. 40 vom 25. Jan. 1921.

[2]) Verordnung, betreffend eine vorläufige Landarbeitsordnung, Reichsgesetzblatt 1919, S. 111, § 3: „Die tägliche Höchstarbeitszeit beträgt in 4 Monaten durchschnittlich 8, in 4 Monaten durchschnittlich 10 und in weiteren 4 Monaten 11 Stunden.

[3]) Am 25. Januar kam in der schwedischen zweiten Kammer ein Antrag zur Verhandlung, der die Aufhebung des auch in Schweden bestehenden Gesetzes über den achtstündigen Arbeitstag verlangte, dem man einen unheilvollen Einfluß auf das schwedische Erwerbsleben und auf die Preisentwicklung nachsagt. Bei der Beratung dieses Antrages kam es zu scharfen Auseinandersetzungen, weil die Sozialdemokraten mit der Anwendung außerparlamentarischer Mittel drohten, wenn man am 8-Stundentag rüttle. Der Vorgang ist sehr lehrreich. Der 8-Stundentag ist ein seit langem gepredigtes Ideal der Arbeiterschaft, an dem diese mit äußerster Zähigkeit in allen Ländern festhält. Soweit wirtschaftliche Schwierigkeiten der Durchführung des Ideals augenblicklich noch im Wege stehen, kann man unmöglich durch einfache Gesetzmaßnahmen diese Schwierigkeiten beheben wollen. Das sehr subtile Problem kann vielmehr nur im Einvernehmen mit der Arbeiterschaft gelöst werden, wenn man verhängnisvolle Erschütterungen des Wirtschaftskörpers vermeiden will. Sozialpolitische Chronik von Dr. Aug. Müller, Deutsche Allg. Ztg. Nr. 57 vom 4. 2. 1921.

Fahrplan und langen Pausen zwischen den Zügen. Unter günstigsten Umständen gestaltet sich bei großstädtischen Verkehrsmitteln mit kurzen Vorbereitungs- und Schlußzeiten (da elektrische Betriebsmittel im Gegensatz zu Dampflokomotiven stets fahrbereit sind) und kurzen Pausen das Verhältnis zwischen reiner Dienstzeit und Dienstpausen etwa folgendermaßen: Von der Dienstanwesenheitszeit von 8 Stunden = 480 Minuten gehen durchschnittlich 25 Minuten für Vorbereitungs- und Schlußzeit ab, so daß noch 455 Minuten bleiben. Von dieser Zeit entfallen noch 20—25% auf Dienstpausen, also durchschnittlich etwa 95 Minuten. Es bleiben also rund 360 Minuten oder 6 Stunden reine Dienstzeit.

Unter ausnahmsweise günstigen Umständen beträgt die reine Dienstzeit 7 Stunden, unter besonders ungünstigen nur 5 Stunden oder weniger.

Eine wesentliche Erhöhung der Rentabilität der Kleinbahnen könnte schon dadurch erzielt werden, daß man die Dienstpausen dem Personal nur zum Teil oder zu 15% der reinen Dienstzeit anrechnet. Nimmt man einen Betrieb mit 5000 Personen ständig im Fahrdienst an (die Berliner Straßenbahn hatte Ende 1918 etwa 9700 Arbeiter und Angestellte), in dem täglich pro Kopf $^1/_2$ Std. gewonnen würde, dann ergäbe sich dadurch bei einem Stundenlohn von 4,50 Mark eine jährliche Betriebskostenverminderung von $5000 \times 0{,}5 \times 4{,}5 = 4{,}1$ Millionen Mark.

Im Jahre 1913 waren tätig:

bei allen deutschen Privateisenbahnen	12032	Arbeiter und Angestellte,
bei allen nebenbahnähnlichen Kleinbahnen	19053	„ „ „
bei allen Straßenbahnen	75513	„ „ „
zusammen:	106598	Arbeiter und Angestellte.

Nimmt man an, daß im Zugförderungsdienst nur 80000 Personen ständig anwesend waren[1]), bei denen sich pro Kopf $^1/_2$ Stunde Arbeitszeit, zu 4,50 Mark gerechnet, gewinnen ließe, dann ergäbe das allein für diesen Verkehrszweig jährlich einen Gewinn von 65,7 Millionen Mark.

Diese Summe würde sich noch wesentlich erhöhen, wenn ähnliche Grundsätze auch auf das Haltestellen- und sonstige Betriebspersonal zur Anwendung gebracht würden, soweit dabei mehr oder weniger ausgeprägte Dienst- und Arbeitspausen vorliegen. In einigen Städten, z. B. Wien und Dortmund, ist bereits die Dienstanwesenheitszeit durch Nichtanrechnung von Pausenteilen verlängert worden[2]).

Eine einheitliche Regelung der Arbeitszeit, die der Notlage der deutschen Kleinbahnen und Privateisenbahnen Rechnung trägt, ist also von großer Bedeutung für unser Wirtschaftsleben.

---

1) Zeitschrift für Kleinbahnen 1915, S. 69, 145, 225 ff. und Statistik der im Betrieb befindlichen Eisenbahnen Deutschlands, 1915, Tabelle 25.

2) Bericht des Hochbahnprüfungsausschusses Hamburg, Gutachten betreffend die Nichteinrechnung von Arbeitspausen in die achtstündige Arbeitszeit.

e) Wissenschaftliche Betriebsführung. Arbeitsteilung. Geeignetenauswahl.

Schon die letzten Jahre vor dem Weltkrieg standen im Zeichen der Steigerung der Produktivität in der Industrie durch Normalisierung, Spezialisierung, Typisierung. Bahnbrechend wirkte hier Taylor. Seine Lehre ist derartig Allgemeingut geworden, daß sich hier eine nähere Erörterung erübrigt[1]). Den Schlußstein in dem Gebäude der Betriebswissenschaft bildet die praktische Psychologie, ihre Anwendung in psychotechnischen Berufs- und Eignungsprüfungen[2]). Auch im Verkehrswesen finden die neuen Methoden allmählich Anwendung. Während jedoch der Wert der Arbeitsteilung überall Anerkennung gefunden hat, wird die Zuverlässigkeit und der Wert der Psychotechnik noch viel bestritten. Es haben sich auch noch keine allgemein gültigen Methoden herausgebildet, und die Vorschläge maßgebender Fachleute auf diesem Gebiet erfahren oft eine harte und gerechte Kritik[3]). In Deutschland wurde die Psychotechnik schon angewandt zur Prüfung von Flugzeugführern, Kraftfahrern, Schiffsführern, Straßenbahnführern und Eisenbahnpersonal. Bei den ehemals Sächsischen Staatseisenbahnen wurden Prüfungen vorgenommen, die Reichseisenbahnverwaltung hat bei der Eisenbahndirektion Berlin eine psychotechnische Versuchsstelle eingerichtet (zunächst vornehmlich zur Prüfung neueinzustellender Lehrlinge) und bei der Berliner Straßenbahn sind seit längerer Zeit Eignungsprüfungen der Straßenbahnführer eingeführt[4]).

Kann man auch von den Prüfungen, insbesondere bei ländlichen Kleinbahnen, keinen in die Augen springenden Nutzen erwarten, so sind sie doch nicht unbeachtlich, für großstädtische Straßenbahnen aber, wie die Erfolge gezeigt haben, zu empfehlen.

f) Beteiligung des Personals am Unternehmen.

Kann auch eine Gewinnbeteiligung des Personals bei Kleinbahnen usw. kaum in Betracht kommen[5]), so verdienen doch die Erörterungen

---

[1]) Taylor-Roesler, Die Grundsätze wissenschaftlicher Betriebsführung (The Principles of scientific management), München 1913, S. *151*: „Betriebs- und Arbeitsmethoden auf wissenschaftlicher Grundlage verlangen eine Kombination einzelner Momente, wie sie früher nicht existierte, nämlich altererbtes Wissen so gesammelt, analysiert, gruppiert und in Gesetze und Regeln gebracht, daß eine richtige Wissenschaft daraus wird. Dazu ein vollständiger Wechsel in der Auffassung von Pflicht, Arbeit und Verantwortlichkeit bei den Arbeitern sowohl wie bei der Leitung; eine neue Verteilung der Pflichten zwischen den beiden Parteien und ein inniges Zusammenarbeiten in einem Umfange, wie es bei den alten Betriebssystemen unmöglich ist."

[2]) Schlesinger, Georg, Prof. Dr. Ing., Psychotechnik und Betriebswissenschaft. Leipzig 1920.

[3]) Schackwitz, Alex, Dr. phil. et med., Über psychologische Berufs- und Eignungsprüfungen für Verkehrsberufe. Berlin 1920.

[4]) Tramm, Die Eignungsprüfung des Straßenbahnführers auf Anfahr- und Bremsbedienungsbewegungen, Verkehrstechnik 1920, Heft 20, S. 284, 285.

[5]) Jacobson, Zur Frage der Gewinnbeteiligung. Deutsche Industrie 1920, Nr. 32, S. 614 ff.: „An Gewinnen nur die Arbeitnehmer des einen Unternehmens

der Beteiligung des Personals am Unternehmen, besonders die finanzielle Beteiligung an Aktiengesellschaften mit Kleinaktien, Beachtung. Jedes Mittel, die Arbeiter mit Interesse für das Wohl und Wehe des Unternehmens zu erfüllen, verdient heute möglichst weitgehende Anwendung.

Für die praktische Durchführung wurde vorgeschlagen die Kapitalisierung der Arbeitskraft und die Beteiligung der Arbeitnehmer durch Kleinaktien. Das erste Mittel ist abzulehnen, da der Lohn schon so zu bemessen ist, daß er ein volles Entgelt für die Leistungen darstellt und weil eine Kapitalisierung der Arbeitskraft aller Arbeitnehmer eine Belastung von vielen Milliarden herbeiführen würde. Die Ausgabe von Kleinaktien erscheint aber durchführbar und Erfolg versprechend. Die entgegenstehenden Vorschriften des Handelsgesetzbuches (§ 180) können leicht durch die Gesetzgebung geändert werden. Klarheit und Einigkeit herrscht nur noch nicht über die Art der Ausführung, z. B. ob die Aktien von Reingewinnen ausgegeben werden oder ob ihre Beträge voll von den Arbeitnehmern eingezahlt werden sollen, ob jeder einzelne Arbeiter oder Arbeitsgemeinschaften Aktien erwerben sollen, wie weit die auf Grund der Aktien erworbenen Rechte gehen sollen, wie der Spekulation und Spielwut vorgebeugt werden kann, wie Rückkauf und Verzinsung geregelt werden sollen u. a. m.[1]). Die Möglichkeit und Nützlichkeit der Kleinaktien steht außer Frage, es muß bei ihrer Einführung nur dafür gesorgt werden, daß die Betriebsleitungen nicht majorisiert werden und daß unmoralischen Wirkungen der Kleinaktien vorgebeugt wird.

Für die Einführung haben sich industrielle Verbände, führende Arbeitgeber (Stinnes, Vögeler, Hugenberg, Helfferich, Handelskammern und behördliche Stellen) ausgesprochen. (Denkschrift des Unterstaatssekretärs im preußischen Handelsministerium Göppert.) Die Arbeitnehmerschaft richtete bereits im Jahre 1909 eine Eingabe an den Reichstag, in der die Ausgabe frei übertragbarer Kleinaktien an die Arbeiter des eigenen Unternehmens gefordert wurde. Ein Bericht des Ausschusses für soziale Angelegenheiten der Nationalversammlung forderte einen Gesetzentwurf über Vorzugs-Arbeiteraktien und die deutschnationalen Reichstagsabgeordneten Hergt und Lambach forderten in der 69. Sitzung des Reichstages vom 25. Februar 1921 die gesetzliche Gewährleistung der Geschäftsbeteiligung der Angestellten und Arbeiter. Stimmen aus radikalen Arbeiterkreisen gegen die Kapital-

---

Anteil nehmen zu lassen, wäre sowieso ein schreiendes Unrecht an der Masse." Heims „Praktische Fragen bei Einführung der Arbeiterbeteiligungen". Deutsche Industrie 1920, Nr. 33, S. 632 ff.: „Der Gedanke der Gewinnbeteiligung kann nach den bekannten Berechnungen von Geheimrat Deutsch als praktisch erledigt gelten."

[1]) Muhs, Dr., „Kapitalbeteiligung der Arbeiter und Angestellten". Industrie- und Handelszeitung Nr. 199 vom 5. April 1920. Oertmann, Geh. Justizrat, Prof. Dr., „Arbeitsgesellschaften". Deutsche Allg. Ztg. Nr. 51 v. 2. März 1921. Knott, Dr. jur., „Kleine Aktien." Zeitschrift für das gesamte Handelsrecht und Konkursrecht, 1921. 84. Bd., Heft 1—2, S. 109.

beteiligungen, in denen eine Sabotierung sozialistischer Ideen zu erblicken sei, können der Frage nichts von ihrer Bedeutung für unsere Volkswirtschaft und Arbeiterbewegung nehmen.

5. Erhöhung der Einnahmen.

a) Verkehrsvermehrung oder Verkehrseinschränkung.

Alle bisher aufgezählten Mittel zur Behebung der Notlage müssen, richtig angewandt, natürlich auch finanzielle Erfolge zeitigen. Sie treten jedoch oft erst längere Zeit nach ihrer Anwendung ein oder sind nicht leicht planmäßig festzustellen. Eher kann man schon die Erfolge oder das Versagen reiner betrieblicher Maßnahmen feststellen. Unter ihnen spielen Verkehrsvermehrung oder Verkehrseinschränkung eine große Rolle.

Es ist bei allen Verkehrsunternehmungen eine bekannte Erscheinung, daß in normalen Zeiten mit der Vermehrung der Fahrgelegenheiten, also mit wachsendem Verkehrsangebot die Benutzung der Gelegenheit, also der Verkehr, nicht nur verhältnismäßig, sondern darüber hinaus bis zu einer gewissen Grenze steigt. In den Zeiten wirtschaftlicher Depression nach dem Weltkrieg und bei stark gestiegenen Fahrpreisen fand jedoch eine Steigerung des Verkehrs nicht in dem gewohnten Maße oder überhaupt nicht statt, geringe, durch eine Steigerung erzielte Mehreinnahmen genügten nicht zur Deckung der Mehraufwendungen, sie beseitigten nicht das Defizit der Bahnverwaltungen, sondern vergrößerten es.

Damit die Verwaltungen bei Tarifen, die immer noch verhältnismäßig weniger gestiegen waren, als die Betriebsausgaben, rentabler arbeiten konnten, mußten sie auf stärkste Ausnutzung der üblichen Wagen, nicht aber auf Einstellung neuer Betriebsmittel sinnen.

Anscheinende Verkehrsvermehrung nach Vergrößerung des Angebots beruht meistens nur auf Zuwanderung von einer benachbarten Linie, die seltenere Wagenfolge hat und durch diese Abwanderung entsprechend geschädigt wird[1]).

b) Tariferhöhungen.

Tariferhöhungen waren und bleiben die wirksamsten Maßnahmen zur Behebung der finanziellen Notlage der Bahnunternehmungen. Sie sind aber eine sehr zweischneidige Maßnahme. Sie bedeuten stets eine unerwünscht weitere Belastung der Volkswirtschaft, die immer wieder zur Erhöhung der Kosten aller Lebensbedürfnisse und zu einer Verteuerung der Lebenshaltung führen muß. Sie treffen die wirtschaftlich schwächsten Schichten stets am stärksten, besonders bei großstädtischen Straßenbahnen; während der Reiche Auto oder Droschke

---

[1]) Bericht des Hochbahnprüfungsausschusses Hamburg 1920, Gutachten betreffend den Einfluß von Betriebsverstärkungen oder Betriebseinschränkungen.

zur Verfügung hat, bleibt der Minderbemittelte immer auf die Straßenbahn angewiesen.

Aber die Verkehrsunternehmungen selbst erleiden oft durch eine Tariferhöhung den größten Schaden. Bekanntlich tritt bei jeder Tariferhöhung ein Verkehrsrückgang ein, während aber großstädtische Bahnen trotz des Rückganges durch die Fahrpreiserhöhung eine Mehreinnahme und einen absoluten Gewinn erzielen, kann bei mittelgroßen Bahnen jede Mehreinnahme ausbleiben, kleine Bahnen mit nur einige Kilometer langen Linien werden oft schon bei ganz geringen Tariferhöhungen unrentabel, da es die meisten früheren Fahrgäste dann vorziehen, zu Fuß zu gehen. Ländliche Kleinbahnen können mit der Erhöhung ihrer Gütertarife auch nicht beliebig weit gehen. Erstens verteuern sie dadurch Lebensmittel, Rohstoffe und Fertigprodukte der Industrie so, daß die Öffentlichkeit Stellung gegen sie nimmt und die Aufsichtsbehörde die Erhöhung der Tarife verweigert, zweitens erleben sie womöglich eine Abwanderung ihres Güterverkehrs auf Fuhrwerke, Lastkraftwagen oder Staatsbahn.

Die Privateisenbahnen und Kleinbahnen bedürfen aber unbedingt der Teuerung entsprechender Erhöhungen ihrer Tarife. Soweit möglich, müssen ihnen Interessenten, Wegeunterhaltungspflichtige, Kommunen und das Reich entgegenkommen. Vor allem darf man von ihnen nicht verlangen, daß sie Leistungen unter ihren Selbstkosten ausführen. Die Deckung ihrer eigenen Ausgaben, zuzüglich angemessenen Sätzen für Verzinsung, Abschreibung und Erneuerung, muß ihnen in jedem Fall zugestanden werden. Das ist aber bis heute nicht der Fall.

Die in Preußen gelegenen Privateisenbahnen und Kleinbahnen werden z. B. für ihre Leistungen für die Reichspost auf Grund des Eisenbahngesetzes entschädigt[1]). Die Vergütungssätze deckten vor dem Weltkrieg höchstens die Selbstkosten, sie waren aber im Verhältnis zu den sonstigen Einnahmen der Verwaltung gering. Heute stellen sie aber einen erheblichen Posten dar. Trotz der Notlage der Privateisenbahnen sind die Sätze aber nur in Bayern und Württemberg und dort ganz unwesentlich erhöht worden, die Bahnunternehmungen werden also im Widerspruch zu den gesetzlichen Bestimmungen erheblich geschädigt[2]).

Ferner könnten die Reichseisenbahnen den Kleinbahnen zum Teil durch Gewährung direkter durchgerechneter Tarife[3]), zum Teil durch erhebliche Erhöhung des Nachlasses an den Abfertigungsgebühren, entsprechend der Steigerung der Reichsbahntarife, durch günstigere An-

[1]) Gesetz über die Eisenbahnunternehmungen von 3. Nov. 1838, § 36. Gesetz über Kleinbahnen und Privatanschlußbahnen vom 28. Juli 1892, § 42. Eisenbahnpostgesetz vom 20. Dezember 1875.

[2]) Eger, Kommentar zum Kleinbahngesetz, II. Aufl. Berlin 1904, S. 399: „Die Nutzbarmachung der Kleinbahnen für den Postverkehr soll, wie in den Gesetzesmotiven hervorgehoben ist, derartig geschehen, daß sie durch die ihnen auferlegten Leistungen keine materielle Schädigung erfahren“.

[3]) Schriften der Gewerkschaft Deutscher Eisenbahner „Zusammenbruch der deutschen Kleinbahnen“, Berlin 1920, S. 14.

schlußbedingungen und Wagenbeistellungsgebühren, durch Ermäßigung der Frachten für Betriebsmaterialien, insbesondere für Betriebskohle bis auf den Dienstguttarif u. a. m., ein Entgegenkommen beweisen, das sich die Kleinbahnen als Verkehrszubringer wohl verdient haben [1]).

Indem so die Kleinbahnverwaltungen sehen müssen, ihre Einnahmen zu erhöhen, dürfen sie andererseits nur mit größter Vorsicht und nach genauester Prüfung der Verhältnisse zu Tariferhöhungen schreiten, oft mit Änderungen des Fahrplans, bei dem wirtschaftlichste Ausnutzung der Dienstzeit, des Personals und der Betriebsmittel mit bester Anpassung des Fahrplans an örtliche Verkehrsverhältnisse (Arbeitsschichten in industriellen Werken, Marktverkehr, Staatsbahnanschlüsse usw.) Hand in Hand gehen müssen.

Bei städtischen Straßenbahnen haben erhöhte Spättarife (nach 10 Uhr abends doppelter Fahrpreis) wegen des geringen Verkehrs und Einführung einer Nachzone wegen der Erschwerung der Kontrolle und Zunahme des „Schwarzfahrens" nur geringen oder gar keinen Erfolg. Durch Verkehrszählungen ist bei Zonentarifen festzustellen, welche Zonen am ehesten eine Tariferhöhung tragen können [2]).

Wichtig für viele Unternehmungen ist die Aufhebung der meisten Vorzugs- und Freifahrtkarten; lediglich im Umsteige-, Vorort-, Schüler- und Arbeiterverkehr sollte man kleine Vergünstigungen gewähren.

c) Güterverkehr auf Straßenbahnen.

Der Güterverkehr auf Straßenbahnen und ihren Fortsetzungen, den Vorort- und Überlandbahnen, im ganzen genommen, zeigte vor dem Weltkriege ein wesentlich anderes Aussehen als heute.

Die meisten Straßenbahnverwaltungen lehnten ihn als unwirtschaftlich ab. Für viele brachte er große Schwierigkeiten im Betriebe mit sich. Der langsame Güterverkehr ließ sich schlecht in den verhältnismäßig schnellen Personenverkehr einfügen. Anschlußgleise an Be- und Entladungsstellen, besondere Anlagen an Umladebahnhöfen erforderten Anlagekapitalien, Unterhaltungskosten und Personal, für die selten entsprechende Rentabilität zu sehen war. Manche Bahnverwaltungen, die schon Güterverkehr eingeführt hatten, entfernten mit der Zeit die diesem dienenden Anlagen.

Die Not des Krieges hat, wie auf vielen anderen Gebieten, so auch hier eine Wandlung geschaffen.

Die außerordentliche Inanspruchnahme der Staatsbahnen für die Aufgaben der Kriegführung, der Mangel an Zugtieren, Fuhrwerken und Kraftwagen in den Großstädten veranlaßte die maßgebenden Stellen, an die Straßenbahnverwaltungen um Hilfeleistung heranzutreten. Man muß heute sagen, daß diese gern dem Rufe gefolgt sind und Glänzendes für unser Wirtschaftsleben geleistet haben.

---

[1]) König, Die Gütertarife der Kleinbahnen, Zeitung des Vereins deutscher Eisenbahnverwaltungen 1909, Nr. 16, S. 155.

[2]) Müller, Einfluß der Verkehrsverhältnisse auf die Tariferhöhungen der Straßenbahnen. Verkehrstechnik 1921, Heft 7, S. 87.

Umfangreiche Anschlußgleisanlagen an Bahnhöfen, Postämtern, Markthallen, Magazinen, Kraftwerken und staatlichen und industriellen Unternehmungen aller Art wurden geschaffen.

Die Straßenbahnen übernahmen stellenweise einen derartig umfangreichen Lebensmitteltransport, unmittelbar oder mittelbar durch Paketbeförderung, daß man wohl behaupten kann, daß ohne sie mancherorts Hungersnot eingetreten wäre. Die Große Berliner Straßenbahn beförderte z. B. monatlich eine halbe bis nahezu ganze Million Postpakete, von denen wohl der größte Teil Lebensmittel enthielt. Auch manches für die Kriegsindustrie wichtige Unternehmen wäre zum Stillstand gekommen, hätte nicht die Straßenbahn immer wieder rechtzeitig Kohlen herangebracht.

Es wurden hauptsächlich folgende Güter befördert; Kohlen, Koks und sonstige Brennstoffe, Lebensmittel, besonders Kartoffeln, Gemüse und Milch, Eisen und Munition, Baumaterialien, Asche, Müll und sonstige Abfallstoffe, Gepäckstücke und Zeitungsballen[1]).

Die im Krieg geschaffenen Anlagen für Güterverkehr sind im allgemeinen beibehalten und zum größten Teil noch weiter ausgestaltet worden. Viele Straßenbahnen haben erst nach dem Kriege um Konzessionsänderung nachgesucht. Wenn der Güterverkehr auf besonderen Gleisen sich abwickelt (nach der Post, nach dem Hafen, nach dem Güterbahnhof) oder nachts stattfindet oder Postpaketwagen sich zwanglos in den allgemeinen Personenverkehr einschieben, kann dieser Beförderungszweig zu einer bedeutenden Einnahmequelle der Straßenbahn ausgestaltet werden, zumal die meisten Güter für die Industrie bei ihrem heutigen hohen Wert auch eine entsprechende Belastung durch einen verhältnismäßig hohen Tarif vertragen. Die zweckmäßige, rentable, den Verkehrsbedürfnissen gut angepaßte Ausbildung des Güterverkehrs verdient heute die größte Aufmerksamkeit der Straßenbahnunternehmungen.

d) Nebeneinnahmen.

Auch die Nebeneinnahmequellen der Privateisenbahnen und Kleinbahnen, vornehmlich der städtischen Straßenbahnen, müssen bei dem großen Geldbedarf der Unternehmungen so stark als möglich ausgenutzt werden. Am einträglichsten erweist sich hier die Reklameverpachtung. Die Reklame ist bisher üblich auf Fahrscheinen und auf und in den Straßenbahnwagen. So wenig ästhetisch befriedigend die Frage der Außenreklame meistens gelöst wird, so dringend empfiehlt sich jedoch die Ausnutzung. Die Einnahmen sind ganz bedeutend. Dagegen ist die Nachfrage nach Reklame auf Fahrscheinen und die Einnahme dafür nicht sehr hoch. Neuerdings hat die Berliner Straßenbahn Versuche mit Reklame an kleinen Haltestellensäulen gemacht. Dadurch wird nicht nur dem Publikum die Orientierung unter den vielen Linien und Fahrrichtungen außerordentlich erleichtert, es wird

---

[1]) Trautvetter, Güterverkehr auf Straßenbahnen, Fördertechnik 1919, Heft 19/20, S. 129.

auch ohne Verschandelung des Straßenbildes eine neue, große Einnahme erzielt.

Viele Kleinbahnunternehmungen haben schon vor dem Kriege beim Bau von Bahnen umliegende Grundstücke erworben und sind dann in den Genuß einer wachsenden Bodenrente gekommen. Auch durch Verbindung des Bahnunternehmens mit Spedition und Lagerung kann nicht nur der Güterverkehr beschleunigt und vermehrt und eine direkte Einnahmeerhöhung erzielt werden, es können auch die Nebenunternehmungen wesentliche Mittel zur Gesundung des Unternehmens liefern. Gleiches gilt für die Einrichtung von Anschluß- und Zubringer-Autobuslinien.

6. Ermäßigung der Ausgaben.

a) Preisabbau, Lohnabbau und Personalverminderung.

An dem allgemeinen Preisabbau können die Bahnverwaltungen nur indirekt teilnehmen, indem sie nur die unbedingt notwendigen Tariferhöhungen vornehmen, die Löhne niedrig zu halten suchen und an Material so weit als möglich sparen.

Dem Lohnabbau kommt in unserem Wirtschaftsleben eine außerordentliche Bedeutung zu. Er ist jedoch nur möglich bei gleichzeitiger Senkung des Existenzminimums. In Ländern, wo dieses bedeutend gefallen ist und verstärkt durch den Druck von Absatzstockungen und Arbeiterentlassungen, hat der Lohnabbau schon in großer Schärfe eingesetzt, so in Nordamerika, England, Schweden u. a.

Die Wirtschaftskrise in Amerika begann mit Absatzstockungen und Preissturz. Sie muß ausgehen mit einem Kampf zwischen Kapital und Arbeit. Der Lohnabbau setzt sich immer mehr durch. Selbst ein Teil der Gewerkschaften riet den Arbeitern, die Notlage der Industrie zu berücksichtigen und sich mit einer Verkürzung ihres Einkommens um 20% einverstanden zu erklären, um nicht die Besitzer zu einer vollständigen Stillegung ihrer Betriebe zu zwingen. In der Stahl- und Eisenindustrie sollen die Löhne sogar um 33% vermindert werden[1]). Die englischen Eisenbahngesellschaften haben die Eisenbahner aufgefordert, zu reduzierten Löhnen zu arbeiten oder die Entlassung zu gewärtigen[2]). Die gleichen Kämpfe werden den deutschen Unternehmungen nicht erspart bleiben, Sache der Bahnverwaltungen ist es, durch eine kluge Lohnpolitik im Einvernehmen mit den Arbeitervertretungen einen allmählichen, geringen Abbau entsprechend einer Senkung der Lebensunterhaltungskosten vorzubereiten und durchzuführen. Im Saargebiet hat die französische Bergwerksdirektion einen Abbau der Löhne angeordnet, der auf scharfen Widerstand der Bergarbeiter stößt[3]). Die dortigen Vorgänge können lehrreiche Aufschlüsse geben.

---

[1]) Deutsche Allgem. Zeitung Nr. 42 vom 26. Jan. 1921 „Lohnkampf in Amerika".

[2]) Deutsche Allgem. Zeitung vom 17. Jan. 1921 „Lohnkampf in England."

[3]) Tägliche Rundschau Nr. 93 vom 25. Febr. 1921 „Lohnabbau im Saargebiet geplant."

Gleich schwieriger Art wie der Lohnabbau ist die Frage der Personalverminderung. Schon die große Verschiedenheit im Personalaufwand (s. Abschn. III, 1a) zeigt, daß in vielen Betrieben eine weitgehende Verminderung und große Ersparnisse möglich sind. Die Bahnverwaltungen müssen hierauf ihre ganze Sorgfalt richten und versuchen, wenn Entlassungen nicht möglich sind oder sich im Interesse der Volkswirtschaft verbieten, durch Erweiterung ihrer Aufgaben eine produktive Ausnutzung der überzähligen Kräfte herbeizuführen.

b) Stromersparnis.

Bei elektrischen Bahnen bilden die Ausgaben für Strom nach den Personalausgaben einen der bedeutendsten Posten. Sparmaßnahmen auf diesem Gebiete sind also für die Unternehmen von größter Bedeutung. Sie können getroffen werden durch bauliche und betriebliche Verbesserungen, durch bessere Ausbildung und Kontrolle der Wagenführer und durch Zusammenschlüsse in der Stromversorgung. Unter den baulichen Verbesserungen sind stromsparende Anordnungen in Unterwerken, an Leitungen und Betriebsmitteln zu verstehen, also Anordnungen für Stromerzeugung, -Umwandlung, -Fortleitung und -Verbrauch. Die wichtigste Aufgabe der Neuzeit, die noch nicht befriedigend gelöst ist, besteht in der weiteren Ausnutzung der Wasserkräfte, des Windes und von geringwertigen Brennstoffen an Stelle der hochwertigen Steinkohle und Gewinnung von Nebenprodukten und produktiver Ausnutzung aller Abfallkräfte. In der Verbesserung des theoretischen, mechanischen und wirtschaftlichen Wirkungsgrades bei der Erzeugung, Umwandlung, Fortleitung und Verbrauch elektrischer Kraft sind noch wesentliche Fortschritte möglich. Betriebliche Verbesserungen können erreicht werden durch Beseitigung der Strom- und Verkehrsspitzen, nämlich durch möglichst gleichmäßige Verteilung der Stromabgabe für Beleuchtungs- und Kraftzwecke, durch entsprechende Einteilung des Fahrplanes für Personen- und Güterverkehr, durch stufenweise Einrichtung der Arbeitspausen in Großbetrieben, deren Personal hauptsächlich die Bahn bei Beginn und Beendigung der Arbeitszeit belastet. Ferner kann an Strom wesentlich gespart werden durch Ermäßigung der Reisegeschwindigkeit. Diese ist abhängig von Anfahrbeschleunigung, Bremsverzögerung, Grundgeschwindigkeit, Haltestellenentfernungen und Aufenthalten[1]). Unter diesen Faktoren sind zur Erreichung von Ersparnissen die Haltestellenentfernungen von ausschlaggebender Bedeutung. Für das Stadtinnere scheinen durchschnittlich Haltestellenentfernungen von 300 m das wirtschaftliche Optimum zu ergeben. Vor dem Weltkrieg lagen bei den meisten Straßenbahnen die Haltestellen wesentlich dichter. Auch heute noch bleiben die üblichen mittleren Haltestellenentfernungen immer noch unter dem wirtschaftlich günstigsten Wert[2]). Auf Anord-

[1]) Devin, Adolf, Dr Ing., Wirtschaftliche Betriebs- und Verwaltungsfragen städtischer Straßenbahnen. Karlsruhe 1919, S. 51ff.

[2]) Dettmar, Dr. Ing., Die Folgen des Krieges und der Revolution für die Elektrotechnik, Elektrotechnische Zeitschrift 1920, Nr. 5, S. 91.

nung des preußischen Ministers der öffentlichen Arbeiten wurde schon während des Krieges bei städtischen Straßenbahnen (z. B. in Berlin) zwangsweise eine Verringerung der Zahl der Haltestellen herbeigeführt[1]). Nach einer Umfrage des „Vereins Deutscher Straßenbahnen, Kleinbahnen und Privateisenbahnen" wurden unter folgenden Verhältnissen Ersparnisse erzielt:

bei einer Vergrößerung der Haltestellenentfernungen um	20	40	66	108	v. H. und
bei einer gleichzeitigen Ermäßigung der Reisegeschwindigkeiten um	8	10	0	0	„
trat eine Stromersparnis von	5	9	15	22	„ ein[2]).

Unter den gegebenen Verhältnissen hängt der Stromverbrauch neben dem Zustand des Gleises und der Betriebsmittel wesentlich von der „Fahrkunst" des Wagenführers ab. Hierbei sind nun die übrigen Faktoren (Anfahrtbeschleunigung, Bremsverzögerung und Grundgeschwindigkeit) und ihr Verhältnis zu den zu fördernden Wagen bzw. Wagenzügen und der Bauart der Motoren genau zu berücksichtigen. Die Fahrgeschwindigkeit muß sich unter allen Umständen den vorhandenen Wagen anpassen, falls wirtschaftlich gefahren werden soll. Aus örtlichen Ermittlungen und genauen Berechnungen an Strecken der Berliner Straßenbahn ergab sich z. B., daß dort bei einer Verringerung der mittleren Fahrgeschwindigkeit um rund 10% etwa 8 Mill. Mark jährlich erspart werden können. Anders liegen die Verhältnisse bei neuen Bahnen oder bei Bahnen mit größeren Umbauten. Hier müßte unbedingt angestrebt werden, eine Erhöhung der behördlich zugelassenen Höchstgeschwindigkeit zu erzielen, denn nur dann wird es möglich sein, auch die mittlere Reisegeschwindigkeit, die in verkehrsreichen Straßen wesentlich unterhalb der Hälfte der Höchstgeschwindigkeit bleibt, zu steigern. Die Wagen müßten aber mit genügend leistungsfähigen Motoren und entsprechender Übersetzung ausgerüstet sein. Neben der Festsetzung einer zweckentsprechenden Fahrgeschwindigkeit ist es unbedingt erforderlich, für eine möglichst günstige Schaltweise der Führer zu sorgen; denn gerade durch schlechtes Fahren können sowohl die besten Motoren überbeansprucht, als auch der Stromverbrauch wesentlich verschlechtert werden.

Zum richtigen Fahren gehört vor allem eine gründliche Belehrung und Beaufsichtigung der Fahrer[3]). Viele Straßenbahnen, die früher Prämiensysteme und Stromzähler eingeführt hatten, haben diese neuerdings aufgegeben und durch bessere Ausbildung der Fahrer ausgezeichnete Erfolge erzielt[4]). Aber auch Dampfbahnen können durch bessere Anleitung und schärfere Überwachung ihres Personals wesentliche Ersparnisse an Brennstoffen machen.

---

[1]) Zeitschrift für Kleinbahnen, Mai 1917, S. 317 „Die Kleinbahnen von Groß-Berlin".

[2]) Verkehrstechnik 1920, Nr. 23, S. 331.

[3]) Adler, L., Dr. Ing. Die wirtschaftliche Fahrgeschwindigkeit und Fahrweise bei Straßenbahnen. Verkehrstechnik 1920, Heft 19, S. 268 ff.

[4]) Bericht des Hochbahnprüfungsausschusses Hamburg, S. 9.

c) Herabsetzung der Steuern, Abgaben und sonstigen Barleistungen.

Die baren Aufwendungen der Verkehrsunternehmungen bestehen außer den Verwaltungskosten und den Betriebsausgaben im engeren Sinne aus den Ausgaben für Steuern, Abgaben an Wegeunterhaltungspflichtige, Ausgaben für Unfälle, Unfallversicherungen, Unterstützungen, Beiträge zur Krankenkasse, Invaliditätsversicherung, Berufsgenossenschaft, aus Ruhegeldern und Zuschüssen für Pensionskassen, Entschädigungen infolge Haftpflicht bei Verlust, Minderung oder Beschädigung von Gütern u. a. m.

Eisenbahnen im Sinne des Eisenbahngesetzes vom 3. November 1838, also Privateisenbahnen, unterliegen in Preußen nicht der Gewerbesteuer. Sie haben aber eine Eisenbahnabgabe zu entrichten nach Maßgabe des Gesetzes vom 30. Mai 1853 [1]). Nebenbahnähnliche Kleinbahnen und Straßenbahnen haben Gewerbesteuer an die Gemeinden zu zahlen gemäß Kommunalgesetz vom 14. Juli 1893 [2]). Von allen Bahnen sind ferner zu entrichten Fahrurkundenstempel, Verkehrssteuer [3]) und Kohlensteuer [4]).

Vor dem Weltkrieg stellten die Steuern im Verhältnis zu den übrigen Ausgaben der Bahnunternehmungen keinen Ausgabeposten von großer Bedeutung dar. Dagegen waren die Abgaben an Wegeunterhaltungspflichtige bei vielen Unternehmungen oft derartig hoch, daß sie kaum eine angemessene Verzinsung des Anlagekapitals zuließen.

Da durch die Folgen des Weltkrieges die sozialen Lasten für die Bahnunternehmungen außerordentlich gestiegen, außerdem Verkehrssteuer und Kohlensteuer neu hinzugekommen sind, sehen sich viele Unternehmungen nicht mehr in der Lage, die vertraglichen Abgaben an die Wegeunterhaltungspflichtigen zu leisten; eine Ermäßigung ist zur Zeit jedoch nur durch Verhandlungen und gütliche Einigungen, in denen Schiedsgerichte eine segensreiche Rolle spielen können, möglich. Die an das Reich zu zahlende Verkehrssteuer aber ist längst durchbrochen, einmal durch die Übernahme der einzelstaatlichen Eisenbahnen auf das Reich selbst und dann durch die von den Alliierten erzwungene Aufhebung der Verkehrssteuer auf den internationalisierten Binnenschiffahrtsstraßen. Die Beseitigung der Verkehrssteuer bei Privateisenbahnen und Kleinbahnen ist deshalb, weil sie unbillig ist und eine einseitige Belastung wichtiger, notleidender Verkehrsbetriebe bedeutet, zu fordern, zumal diese Bahnen um so mehr Steuer zu entrichten haben, je höher sie aus Not ihre Tarife stellen.

Infolge der Wertsteigerung aller Güter und der ständigen Zunahme der Diebstähle und sonstigen Unredlichkeiten haben die Schadenersatzforderungen an Bahnen, die Güter befördern, eine derartige Höhe

---

[1]) Gesetz, die von den Eisenbahnen zu entrichtende Abgabe betreffend, vom 30. Mai 1853. Preuß. Gesetzsammlg. 1853, S. 449ff.

[2]) Preußische Gesetzsammlg. 1893, S. 152.

[3]) Gesetz über die Besteuerung des Personen- u. Güterverkehrs vom 8. April 1917. Reichsgesetzbl. 1917, S. 329ff.

[4]) Kohlensteuergesetz vom 8. April 1917, Reichsgesetzbl. 1917, S. 340ff.

erreicht. daß eine Milderung der Haftung[1]) eine aus der Notlage der Unternehmungen entspringende Forderung ist, zumal selbst die Reichseisenbahn diese Notwendigkeit für ihren Betrieb einsieht[2]). Ferner werden die Privateisenbahnen und Kleinbahnen durch eine rigorose Rechtsprechung in Haftpflichtfällen für Körperverletzungen und Tötungen außerordentlich belastet[3]).

7. Private und öffentliche Finanzhilfe.

Wenn die Not bei Privateisenbahnen und Kleinbahnen hauptsächlich infolge übermäßiger Lohnforderungen des Personals derartig stieg, daß ein rentabler Betrieb nicht mehr möglich war und sie ihr Unternehmen stillegten oder die Stillegung ankündigten, sprangen nicht selten Interessenten (Industrielle, Landwirte, Städte, Kreise) mit finanziellen Zuschüssen ein oder willigten in einen Nachlaß der Abgaben. Natürlich konnte durch solche gelegentlichen Maßnahmen keine dauernde Gesundung herbeigeführt werden. Es wurde deshalb von den Verkehrsunternehmungen öffentliche Hilfe erbeten und schließlich auch bewilligt.

In Preußen und in anderen Ländern leisteten bisher Staat und Provinzen alljährlich Zuschüsse zum Bau von nebenbahnähnlichen Kleinbahnen (nur ausnahmsweise von Straßenbahnen) oder beteiligten sich zwecks Förderung des Kleinbahnwesens an derartigen Unternehmungen (vgl. Abschnitt II, 2). Es wäre aber widersinnig, öffentliche Gelder zur Förderung des Baues von Kleinbahnen weiter zur Verfügung zu stellen, ohne den vorhandenen und als wichtig für den öffentlichen Verkehr erkannten Kleinbahnen soweit zu helfen, daß ihr Weiterbestehen gewährleistet bleibt[4]).

In dieser Erkenntnis sind in Preußen durch Anleihegesetz zur Unterstützung notleidender nebenbahnähnlicher Kleinbahnen (nicht Straßenbahnen) Darlehn zu günstigen Bedingungen bis zu 40 Millionen Mark zur Verfügung gestellt worden. Die Darlehn werden insgesamt rund 100 Millionen Mark betragen, von denen das Reich $^1/_5$, Preußen $^2/_5$ und die Provinzen ebenfalls $^2/_5$ zur Verfügung stellen[5]).

Ein weiterer Ausbau dieser öffentlichen Hilfsaktion, Heranziehung der Kommunalverbände und eine Hilfsaktion für Straßenbahnen ist aber erforderlich, soll das gesamte Kleinbahnwesen wieder gesunden.

---

[1]) Handelsgesetzbuch § 456 Abs. 1 u. § 466 Abs. 1 und Eisenbahnverkehrsordnung § 84 u. § 94 Abs. 4.

[2]) Die Neuregelung der Bestimmungen über die Haftpflicht der Eisenbahn. Ztg. d. Vereins deutsch. Eisenbahnverwaltg. 1921. Nr. 2 S. 32.

[3]) Reichshaftpflichtgesetz v. 7. Juni 1871, Reichsgesetzblatt 1871, S. 207 ff.

[4]) Schriften der Gewerkschaft deutscher Eisenbahnen: „Zusammenbruch der deutschen Kleinbahnen." Berlin 1920, S. 12.

[5]) Anleihegesetz zur Bereitstellung von Mitteln für Kleinbahnen vom 14. Jan. 1921. Preuß. Gesetzsammlung 1921, Nr. 21.

8. Zusammenschlüsse.

Unsere Industrie hat zuerst erkannt, daß viele, zu einem Verbande zusammengeschlossene Unternehmungen mit geringer Anstrengung Beanspruchungen überwinden, unter denen jeder einzelne für sich rettungslos zusammenbrechen würde. Die Wirtschaftsgeschichte zeigte in den letzten Jahrhunderten zweimal eine Entwicklung, ausgehend von der Wirtschaft der Einzelpersönlichkeiten über Interessenverbände zum Staatsbetrieb. Zu den schon lange bekannten und in der deutschen Industrie sehr verbreiteten Zusammenschlüssen auf gleicher Produktionsstufe stehender Betriebe in sog. „horizontaler" Verbindung kommen seit 1908 Zusammenschlüsse von Betrieben aller Produktionsstufen, vom Rohstoff bis zum Fertigprodukt, in sog. „vertikaler" Verbindung[1]).

Die deutschen Privateisenbahnen und Kleinbahnen haben nur, soweit sie im rheinisch-westfälischen Industriegebiet liegen, zur Zeit an dieser neuen Orientierung teilgenommen. Die meisten Bahnunternehmungen begnügen sich noch mit Zusammenschlüssen einfachster Form zum Zwecke gemeinsamen Einkaufs (z. B. im Verein deutscher Straßenbahnen, Kleinbahnen und Privateisenbahnen), gemeinsamer Kreditbeschaffung, gemeinsamer Stromerzeugung und Stromversorgung, gemeinsamer Benutzung von Gleisanlagen und Betriebsmitteln. Um aber ihre Kohlen- bzw. Stromversorgung sicherzustellen und bei der Einteilung von Wirtschaftsprovinzen und Elektrizitätswirtschaftsbezirken, wie sie in § 1 des Sozialisierungsgesetzes gefordert werden[2]), nicht geschädigt zu werden, muß es ihre Sorge sein, sich auch mit Rohstoffquellen zu verbinden. Ein Vorbild liefert der kommunale Elektrizitätsverband Westfalen-Rheinland, der sich folgende Aufgaben gestellt hat:

1. Sicherstellung genügender Brennstoffmengen aus dem westfälischen Steinkohlenbergbau.
2. Gegenseitige Aushilfe und Unterstützung aus den vorhandenen Kraftwerken.
3. Ausbau geeigneter Wasserkraftwerke.
4. Heranholung größerer Strommengen aus dem rheinischen Braunkohlenrevier[3]).

Einer gleichen Organisation gehört das rheinisch-westfälische Elektrizitätswerk an, die wieder ein Teil der Rhein-Elbe-Union ist. In diesen Verbänden sind die meisten Straßenbahnen von Rheinland-Westfalen vereinigt, ferner sind die Kleinbahnen des Ruhrbezirkes in dem Siedlungsverband Ruhrkohlenbezirk zusammengeschlossen[4]), die Kleinbahnen von Groß-Berlin waren schon vor der Bildung der Ein-

---

[1]) Dr. Becker, Über die Bedeutung der Zusammenschlüsse industrieller Unternehmungen (Siemens, Rhein-Elbe-Schuckert-Union). Siemens, Wirtschaftliche Mittlg. 1921, Nr. 25, S. 144.

[2]) Gesetz, betreffend die Sozialisierung der Elektrizitätswirtschaft vom 31. Dez. 1919. RGBl. 1920, S. 19 ff.

[3]) Ein neues Wirtschaftsgebilde in der Elektrizitätsversorgung. Mitteilungen der Vereinigung der Elektrizitätswerke. 1920, Nr. 279, S. 323.

[4]) Gesetz vom 5. Mai 1920. Preußische Gesetzessammlung 1920, S. 286.

heitsgemeinde mit einbegriffen in den Zweckverband Groß-Berlin[1]), die anhaltischen Privatbahnen u. a. haben sich zu Betriebsgemeinschaften zusammengeschlossen. Trotzdem erheischt die Gesundung der Kleinbahnen eine weitere Bildung von Betriebs- und Finanzgemeinschaften.

9. Neue gesetzliche Regelung des Kleinbahnwesens.

Das preußische Kleinbahngesetz hat, wie an der Zersplitterung des Kleinbahnwesens, an der geringen Rentabilität der meisten Unternehmen schon vor dem Weltkrieg und an dem vollständigen Zusammenbruch vieler Bahnen in und nach dem Weltkrieg, zu ersehen ist, völlig versagt. Es hat weder einheitliche Bauausführung, gesunde Finanzierung, wirtschaftliche Betriebsführung, noch den Zusammenschluß aller Kleinbahnen unter Einschluß gleichartiger Privateisenbahnen herbeigeführt oder auch nur gefördert. Auch die Maßnahmen der Aufsichtsbehörden zeigen keine einheitlichen Richtlinien und günstigen Ergebnisse.

Eine neue gesetzliche Regelung des Kleinbahnwesens ist von vielen Fachleuten schon vor dem Weltkrieg immer und immer wieder gefordert worden, nach dem Weltkrieg aber ist die Forderung von weiteren Kreisen und maßgebenden Stellen mit größter Eindringlichkeit erhoben worden[2]).

Bewegen sich auch die Vorschläge für eine Neuregelung in verschiedenen Richtungen, so enthalten die meisten doch die Forderung der Schaffung von Selbstverwaltungskörpern zur Ausübung der Aufsicht, gemeinsamer Betriebsführung und gemeinsamer Finanzwirtschaft.

Da bis heute noch keine Anzeichen für die Erfüllung dieser für die Gesundung und Weiterentwicklung der deutschen Kleinbahnen und Privateisenbahnen außerordentlich wichtigen Forderungen zu erblicken sind, müssen sie auch hier dringend wiederholt werden.

V. Zusammenfassung.

Die deutschen Privateisenbahnen und Kleinbahnen (nebenbahnähnliche Kleinbahnen und Straßenbahnen) zeigten schon vor dem Weltkrieg in der Mehrzahl eine sehr geringe Rentabilität. Durch den Weltkrieg und seine Folgen und die Wirkungen der politischen Umwälzung ist der vollständige wirtschaftliche Zusammenbruch vieler

---

[1]) Zweckverbandgesetz für Groß-Berlin vom 19. Juli 1911, S. 123 ff.

[2]) Blum (Zeitschr. f. Klb. Aug. 1919); Fritsch (a. a. O. März 1920); Trautvetter (a. a. O. Mai 1920); Quaatz, Die Reichseisenbahnen Berlin, 1919; Sarter, Die Reichseisenbahnen, Berlin 1920; Pforr, Vortrag auf der XVIII. Hauptversammlung des Vereins deutscher Straßenbahnen, Kleinbahnen und Privateisenbahnen, Gewerkschaft deutscher Eisenbahnen; Flugschrift: Zusammenbruch der deutschen Kleinbahnen, Berlin 1920; Antrag des Vereins deutscher Straßenbahnen, Kleinbahnen und Privateisenbahnen an das preuß. Staatsministerium, Deutsche Straßen- und Kleinbahnzeitung 1920, Nr. 39, S. 333.

derartiger Verkehrsunternehmen herbeigeführt worden, die noch fortbestehenden kämpfen schon jahrelang gegen ihre wachsende Not an.

Die ungebührlich hohen Lasten, besonders die Abgaben an die Wegeunterhaltungspflichtigen, haben sie nicht abbürden können.

Sparmaßnahmen in der Verwaltung und im Betriebe hatten nur geringen Erfolg.

Die Hilfsaktion des Reichs, der Länder und Provinzen hat ihre Wirkungen noch nicht zeigen können.

Als nächstes Mittel zur Behebung oder Milderung der Notlage erscheint immer wieder hauptsächlich die Tariferhöhung.

Es müssen aber energisch auch andere Mittel benutzt werden. Moral und Arbeitsleistungen müssen wieder gehoben werden, noch größere Sparsamkeit im Betrieb (hauptsächlich Stromersparnis) muß geübt werden und die Zersplitterung im Kleinbahnwesen, die das einzelne Unternehmen immer schwach erhält, durch Zusammenschlüsse und gesetzliche Neuordnung des Kleinbahnwesens beseitigt werden.

GPSR Compliance

The European Union's (EU) General Product Safety Regulation (GPSR) is a set of rules that requires consumer products to be safe and our obligations to ensure this.

If you have any concerns about our products, you can contact us on ProductSafety@springernature.com

In case Publisher is established outside the EU, the EU authorized representative is:

Springer Nature Customer Service Center GmbH
Europaplatz 3
69115 Heidelberg, Germany

Batch number: 10682323

Printed by Printforce, the Netherlands